牛を屠る

佐川光晴

双葉文庫

目次

作業課へ

はじめに

　豚肉、鶏肉、牛肉がそれぞれ生きた豚、鶏、牛のからだだと知ったのはいつだったろう。残念ながら、はっきりとはおぼえていない。

　魚については、小学三、四年生の頃、食卓にアジやシシャモが並ぶたびに、「この魚、死んでるんだよね」と言って、母に叱られた。

　私は一九六五年に生まれて、神奈川県茅ヶ崎市の団地で育った。団地には手作りのハムやソーセージを売る肉屋もあったが、店頭に並んだ豚肉を指差して、「この豚、死んでるんだよね」とは言わなかった。

　鮮明に記憶しているのは、小学五年生のときに聞いた先生の話だ。短髪で、小柄で瘦せっぽちの女の先生が、社会の時間に、自分が育った田舎の話をしてくれた。先生のうちは福島県にあり、お百姓をしていた。その地方では毎年秋になると鮭が川を上ってくる。すると大人たちが鎌を持って川に入り、上ってくる鮭を引っ掛けてつぎつぎ岸に放る。待ち構えていた子どもたちが捕まえようとしても鮭の力は強く、小学生だった先生も手を弾《はじ》かれたが、諦《あきら》めずに頑張って、最後には両腕に抱えることができたそうだ。

これも同じ日に聞いたと思うのだが、先生がやはり小学生だったある日、出荷するためにトラックに載せようとした牛が転倒して、足を骨折した。傷ついた牛は市場でセリに掛けても値段が安くなってしまう。それならみんなで食べたほうがいいというので、その晩は村中の人たちを集めての大宴会になった。普段は食べられない上等の牛肉で、すき焼きにしたり、ビフテキにしたりして、ものすごくおいしかったと話す先生はとてもうれしそうだった。

牛といえばホルスタインか闘牛しか知らず、それも絵本やテレビで観ただけの小学五年生の私にとっては、かなりな大きさであるはずの牛一頭をその日のうちに料理して食べてしまったと言われても、あまりのスケールに想像がついていかなかった。

先生は解体の仕方までは話さなかった、と思う。そのせいもあって、トラックに載せるときに骨折した牛をどこで、誰が、どんなふうにして食べられる状態にしたのかという疑問は長く私の頭に残った。

白土三平作『カムイ伝』を読んだのは、それから一年が過ぎた頃だった。まずはカムイ・赤目・搦《からみ》の手風《てぶり》をはじめとする忍者たちの闘いに夢中になったが、非人たちが斃《たお》れた牛を捌《さば》くシーンにも不思議な魅力を感じて、私はくりかえしマンガ本の頁をめくった。

以上が、私が幼少時に見聞きした屠殺（13頁※）に関する全てである。そして実際に牛や豚の解体を生業《なりわい》にするようになったあとも、私は何度となく小学五年生のときに聞いた先生の話を思い出した。

誤解のないように断っておけば、私は職業選択のきっかけを小学校担任の思い出話に見出しているのではない。そうではなくて、五年六年とナイフを握り、ときおり指を切ったり、足を刺したりしながら腕を上げて、どうにか一人前らしくなってみると、福島の農村で出荷の際に骨折した肉牛を農家の人たちが自分たちの手で屠《ほふ》り、近隣の人々を招いて催した宴会の様子がよりリアルにわかる気がしたのである。

それは『カムイ伝』についても同様であって、お産をくりかえした挙げ句に股《こ》関節を脱臼したホルスタインの牝《め》牛は治療もされずに放っておかれる。立てなくなれば床《とこ》ずれができて化膿が進み、さらに放置されれば傷んだ箇所が腐敗して蛆《うじ》が湧《わ》く。死んでしまうとかえって手続きが面倒になるため、牝牛はその頃になってようやくトラックに積み込まれる。

そんな牛でも、連れて来られたからには手順通りに解体しなければならない。こびり付いた糞尿は水を掛けたくらいでは落ちず、皮を剝《む》いた拍子に膿《うみ》や蛆がこぼれ落ちて、強烈な臭気《しゅうき》が鼻を突く。『カムイ伝』の非人たちは死獣ばかりを相手にするのだから、いっそう猛烈な臭いに悩まされたはずだ。それでも、その臭いもまた想像できないことはない。

やせ我慢を承知で言うが、私はナイフの扱い方と共に、こうした想像力を養ってくれた職場に深い感謝の念を抱いている。

十年半に及ぶ勤務の後、私は屠殺場で働く日々を描いた小説「生活の設計」で作家としてデビューした。さいわい好評を得たが、仕事への想いは存分に述べたのだからと、その後は屠殺を主題にした小説を書くことはなかった。

しかし、どんなに些細な経験であれ、一つの小説でなにもかもを語り尽くせはしない。これから世の中に出てゆく若い人たちに向けて、私にとっての仕事、私にとっての屠殺について書いてほしいとの依頼を受けたとき、私は再び牛のことを語れる喜びで胸がいっぱいになった。

退社から九年が過ぎ、手のひらのマメは跡形もなく、筋肉もすっかり落ちた。また病原性大腸菌O－157に加えて「狂牛病」の問題が起こり、この五、六年で全国の食肉市場をめぐる環境は激変した。従って、これから読んでいただくのは、厳密に言えば、すでに過去のものとなってしまった職場についての案内である。

にもかかわらず、人がある職業に就き、仕事を身につけながら人生を歩もうとする限り、変わり得ぬ事柄が含まれているはずだとの自負も抱いている。

本書が働くこと、働き続けることへと読者をいざなう手立てになってくれればと願ってやまない。

※「生活の設計」と同様に、本書でも私は家畜の解体作業を表す語句として「屠殺」を用いている。その理由を、注という補足的なかたちで説明することはできない。なぜなら、本書の全体が、まさに「屠殺」の一語を肯定するために書かれているからだ。したがって、あえて簡略に言えば、「屠殺」という言葉によってこそ、その行為と、その行為の背後にある、差別的な視線などではとうてい覆いきれない、広く大きなものが感じ取れるのだと、私は考えている。

1　働くまで

面接の日

私は一九九〇年（平成二年）七月十六日大宮食肉荷受株式会社に入社した。

会社はJR大宮操車場に隣接し、正門には「大宮食肉中央卸売市場・大宮市営と畜場」の文字が刻まれていた。「と畜場」の「と」が「屠」の意であることは言うをまたない。希望により配属された作業部作業課の面々がそう呼んでいたように、二十五歳の私は「屠殺場」の作業員になったのである。

私は前年の三月に北海道大学法学部を卒業しており、この就職は学歴から想定される範囲を大きく逸脱している。しかも事前の下調べなど一切なく、大宮にそのようなところがあると知ったのさえ、入社の二日前だった。

北大を卒業後に御茶ノ水の小出版社に勤めたものの、社長並びに編集長とケンカをやらかして、私はわずか一年で失職した。その後ふた月ほど山谷からビル解体や水道管敷設の工事現場に出て働いたが、技術も経験も求められない下働きをくりかえす日々はつらかった。同じ肉体労働をするにしても、おいそれとは身につけられない仕事の中で鍛えられたかった。

それではなぜ、数ある職業のうちから屠殺が選ばれたのか。その理由を偶然にゆだねるのは無責任の誹《そし》りを免れないが、あながち嘘というわけでもない。事実、二ヵ月に一度訪れることになっていた浦和の職業安定所で「希望する職種」を編集者から屠殺場の作業員に変更したいと申し出たとき、私にどれだけの覚悟があったかは怪しいと思っている。そうでなければ、係の女性からの返答にあれほど動揺せずに済んだはずだ。

「屠殺場ですね」

「はい」

「県内と、県外のどちらをご希望ですか?」

「そんなにいくつもあるんですか」

「はい。佐川さんのご住所は浦和市内ということですので、近くですと大宮と川口にあります。大宮は駅から徒歩十分となっていますから、通勤にも便利なようですが」

そこまでを告げられたとき、私は前言をひるがえす気力を失くしていた。それでもなお質問を続けたのは、もはや動かしがたくなってしまった選択を自分に納得させる必要からだった。

「あの、大宮ですと、現在募集があるのでしょうか?」

「たしかあったと思いますが、いま見てみますね」

私はパソコンを操作する女性の手元を見つめながら、タッチの差で募集枠がいっぱいになってしまいましたといった返答を期待していた。その一方で、間違いなく「ＯＫ」に類する回答があるだろうとの予感もあった。

「はい、大丈夫ですね。現在も募集中です」

「年齢や資格といった条件は……」

「一応四十五歳までとなっていますが、それ以外は特にないようです。どうされますか。よろしければこれから先方に電話をして、面接の日程を決められますが」

「お願いします」

そう答えながらも、私は自分が夢の中にいるような気がしていた。同時に、これこそが現実なのだという痺《しび》れるような感覚にも捉《とら》われていた。十分後には明日の面接が設定されて、私は会社に提出する書類の用紙を携えて職安をあとにした。

思いがけないかたちで面接が決まったものの、その晩、私はいくつもの不安を抱えてなかなか寝付けなかった。なによりの心配は経歴だった。職安経由で求人に応じた以上、コンピューターの照会により、大宮食肉の担当者はすでに私の履歴書を目にしているにちがいない。北大法学部卒業の学歴を持ち、たとえ一年とはいえ編集者として働いていた男がどうして屠殺場に来たのか？

そう問い詰められた場合、私は面接官を納得させるだけの理由を持っていなかった。なにしろ当の私自身が、自分の選択を理解できていないのである。

「バカにするな」

「ふざけるんじゃねえ」

怒鳴られるだけでは済まず二、三発殴られるかもしれない。

よからぬ想像をめぐらしているうちに、私ははるか昔に炭鉱のルポルタージュを書くために学歴を偽って鉱夫になった作家のことを思い出した。しかし私の場合は今更隠しようもないのだし、そもそも私は屠殺場のルポルタージュを書きたいわけではなかった。なんのためにここで働くのかと問われれば、それは生活の糧を得るためであり、屠殺場以外に行き場を思いつかなかったから、ここに来たのです。

そんな回答で入社が認められるとも思えなかったが、せめて正直に答えることで誠意を示すしかない。そう決めたものの、不安は消えなかった。

翌日、私は夏用の背広にネクタイをしめて面接に出かけた。

約束の十一時に総務部を訪ねると、

「この学歴であれば、営業でも総務でもいいので、事務所のほうで働いてもらえませんか」

と言われた。

予想外の展開に肩透かしを食わされる一方で、私は大いに安堵していた。この様子なら追い返されることはないだろう。そして、やはり現場で働きたい旨を伝えると、私の申し出はすんなり認められた。

「もし向かなければ、いつでも事務所に移ってください」とまで言われて、私は作業課に案内された。

ちょうど昼時で、総務の担当者に付いて外階段を降り、別棟の一階にある作業課の控室に入っていくと、白い作業着に身を包んだ面々が一斉にこちらを向いた。すでに私に関する噂は伝わっているらしく、こいつがそうかといった好奇の目で見つめてくる。

しかしここでも、作業部付きの常務から、「やりたいなら、やってみな」との言葉をもらい、私の入社は許可された。

総務部に戻り、私はあらためて賃金等についての説明を受けた。

三ヵ月は見習い期間で、その後正式に社員として採用する。作業の開始は八時半、ただし遅くとも八時には出社して、仕事に臨む準備をしておくほうがいい。

「慣れない仕事で大変でしょうが、頑張ってください」

と励《はげ》まされ、私は一礼して事務所をあとにした。昨日から続いていた緊張も解けて、私の足取りは軽かった。

ところが外階段を降りながら下を見ると、作業課の男性が二人、私を待ち構えるようにして縁石のコンクリートブロックに坐《すわ》っている。色黒で四十歳くらいの男性が二十七、八歳の若者を従える格好で、作業着からは太い腕と長い脛《すね》がのぞいていた。そして私が階段を降りると、年配の男がおもむろに立ち上がった。

「ここは、おめえみたいなヤツの来るところじゃねえ」

凄みのある大声が響きわたり、私は震えあがった。たしかにその通りだと思いながらも謝るわけにもいかず、私は百八十センチを超える男の前を通って帰路についた。

両親

私が大学を卒業したのは一九八九年三月で、いわゆるバブル経済の真っ盛りである。法学部だったせいもあるのだろうが、三年生の中頃から連日就職案内が送られてきて、いくら捨てても切りがない。こちらから就職活動をする必要などなく、ゼミのOBから電話がかかり、カニでも食いがてらウチの会社の話を聞かないかと誘ってくる。

自腹でご馳走してくれるならまだしも、会社の金で奢《おご》られるほど落ちぶれていないと断っていたが、一度だけ寮の先輩から頼まれてススキノの寿司屋に行った。人数合わせで呼ぶだけで、佐川の入社など期待していないし、話も聞かずに食うだけ食って帰ってくれればいいからと言われて、たらふく食ってやるつもりで出かけたのに、おかしいくらいに食欲が湧かなかった。

大手証券会社に就職すれば夏のボーナスが百万円、冬には三百万円もらえるとの噂が飛び交い、生涯賃金や退職金が他社に比べていかに高いかといった話まで持ち出して、企業は学生たちを札びらで釣り上げていた。

大学に進んだとき、私は弁護士になるつもりだった。そして、不当な弾圧に苦しむ労働者たちの助けになりたいと思っていた。

私の父は学習研究社、略して学研という、教育関係では有名な出版社に勤めていた。もちろん良書も出しているが、一族経営の弊害で、上司の機嫌を損《そこ》ねると専門外の部署に飛ばされる。見せしめのための露骨な配置転換が横行し、父は見るに見兼ねて仲間たちと共に組合を結成した。すると父も小学生向け学習雑誌の副編集長から資料室に異動させられて裁判闘争が始まった。

まもなく無言電話が引っきりなしにかかるようになり、それを正の字で表に付けるのが私たちきょうだいの役目になった。朝から晩まで、少ない日で百回、多い日は三百回近くも電話が鳴る。早く取ればうるさくないし、くりかえし取っているうちに相手も諦《あきら》めるからと、私は妹たちと競って受話器に飛び付いた。

そんなある日、学校から帰ると父が家にいて、頭から血を流していた。会社側の社員数人に襲われて袋叩きに遭《あ》い、ショックから外傷性のうつ病を発症した父は、以後数年を闘病に費やすことになる。給料は限度額いっぱいまで引き下げられて、両親と五人の子どもたちは3DKの団地に閉じ込められたかっこうだったが、不思議とみじめな気持ちにはならなかった。

部屋を仕切るふすまは全部取り払われて、夜は布団がびっしり敷き詰められる。自分の部屋どころか身を隠す場所もない。宿題をするのにも困るありさまで、勢い授業に集中するようになり、かえって成績はアップした。

父が襲われたのが私が小学六年生のときで、中学・高校と部活や勉強に忙しく、自分たちが置かれた境遇を思い悩む暇もなかったのだろう。父も母も、恨み辛みを語ることはなかったが、それでも企業というものはいざとなるとなりふり構わぬ行為に及ぶという固定観念ができあがったのは事実だった。

会社からの月給だけでは、とても家族七人の生活を賄《まかな》い切れないため、母は家で塾を開いた。一九三九年生まれにしては珍しく短大を出ているので、中学生相手なら務まらないこともない。口コミで噂が広がり、授業についてこられない生徒ばかり集まって、なかなか繁盛していた。もっとも、ただでさえ狭苦しい団地にさらに三、四人の生徒が加わるのだから、今から思うとよく窒息しなかったと不思議な気がする。

ときおり私も駆り出されて、同級生の女の子に数学を教えた。すると母は、自分がいくら教えても生徒がわかるようにならない問題をすらすら解いてみせる息子に腹が立ったのだろう。生徒たちが帰ってから、私に向かって、「どうしてあなたはそんなに簡単に問題が解けるのよ」と文句を言った。そのときのおかしさは今でもよくおぼえている。丁寧《ていねい》な指導が気に入られてか、母の塾は長く続いた。生活のためにやむをえず始めた仕事だが、もともと面倒見の好《よ》い人なので、出来の悪い生徒たちとの付き合いを楽しんでいるふうだった。

父も、病院から戻ったばかりの頃は、いかにも苦しげなしかめ面《つら》ばかりしていたが、テレビに映るタレントを見ては、「この人には、ちょっとうつの気《け》があるなあ」と本気とも冗談ともつかない調子でつぶやくまでに回復した。外出もできるようになって、ただし散歩がてら私と妹の通う高校まで弁当を届けに来るのには閉口した。

父は英語ができたので、翻訳の下請けのほかに英語のクロスワードパズルを作るという〝特技〟を身につけてアルバイトに励んだ。それでも経済的には苦しく、私は高校に入ったときから育英会の奨学金をもらっていたが、なにはともあれ私を頭とする五人のきょうだいは全員が大学に進学することができた。

裁判は二十年にわたり、最後には勝訴したものの、その間、父は会社でなんら仕事を与えられることなく過ごした。

いつだったか裁判が結審してからしばらくした頃に、二人で茅ヶ崎の大山街道を歩いていて、父が問わず語りに話し出した。

「僕は、普通の人たちが働き盛りの四十歳から五十歳にかけて、なにもできなかった」

たしかに、父にとっては無為な歳月だったかもしれないが、会社を辞めずに微々たるものでも給料をもらい続けてくれたおかげで五人の子どもたちは成長できたのだから、不十分ながらも、親としての役目は果たしたではないか。父の無念もわからなくはないが、人生に運不運は付き物なのだし、信念を曲げずに生きてこられただけよしとすべきだろう。胸のうちでそんなことを考えながら、私は父と並んで歩いていた。

私が一年間の出版社勤務の後に失職し、屠殺場で働くことにしたと伝えたとき、父と母はなにも言わなかった。そこそこ優秀であった長男の将来に期待を抱かなかったはずはないし、それでいったい今後どうするつもりなのかと心配でもあっただろう。しかし自分たちの人生を顧みれば、目くじらを立てて反対するわけにもいかなかったのではないかと、私は勝手に想像している。

2　屠殺場で働く

怒鳴られた初日

面接の翌朝、私は七時半に会社に着くように家を出た。通勤の服装は自由だが、勝手がわからないこともあって、私は半袖のワイシャツにスラックスという出《い》で立ちを選んだ。

ＪＲ大宮駅から線路沿いに十分ほど歩き、吉敷町《きしきちょう》のガードをくぐった先が「大宮食肉中央卸売市場・大宮市営と畜場」で、豚や牛を積んだトラックがつぎつぎに門を入っていく。私も門を入ると、すぐそこで荷主が空になったトラックの荷台をホースの水で洗っていた。糞尿が飛び散り、あたりには昨日は感じなかった家畜の臭いが立ち込めていた。思わず立ち止まりかけたが、私は臭いをかき分けるように歩いていった。

作業課の控室で作業着をもらうと、私は外階段を昇り、ロッカー室で作業着に着替えた。素肌に直《じか》に布が当たる肌ざわりに、いよいよ常ならぬ仕事に就こうとしているのだと感じて足がすくんだ。

作業課に戻ると、私は言われるままに長靴を履き、胸当ての付いた前掛けをして、軍手を嵌《は》め、ヘルメットを被った。

「今日から働く佐川君です」

二階にある作業場での朝礼で紹介されて、「よろしくお願いします」と私は頭を下げた。
三、四十人の作業員たちは年寄りもいれば、二十歳前後の若い子もいて、数人の女性までいた。全員の顔を見る間もなく朝礼は終わり、私を残してそれぞれ持ち場に散っていった。

その様子を目で追いながら立っていると、昨日私を怒鳴った男が戻ってきた。

「付いて来い」

それだけを言うと男は歩き出した。

男に付いて作業場の隅にある急な階段を降りていくと、その先は薄暗く、ひんやりとした空間が広がっていた。

奥からは豚の啼《な》き声が聞こえて、ベルトコンベアの向こう側に作業員が二人並んで立っていた。白髪頭のおじいさんが台に載り、左に立つ五十歳くらいの男は右手に大振りなナイフを持っている。

ブザーが鳴って、手前のゲージに入れられていた二十頭ばかりの豚がホースの水に追われて狭い通路を進み出した。通路は、左右を木製のキャタピラーに挟《はさ》まれた坂道へと続いて、豚が一列になって登ってくる。

最初の豚が顔を出した途端、台の上のおじいさんが豚の耳を摑《つか》んでこめかみにスタンガンを当てた。「グアッ!」という呻き声と共に豚は四肢を突っ張り、五十センチほどの段差を落下した。その刹那《せつな》、下にいた男がナイフを一閃《いっせん》すると豚の胸が大きく裂かれて血が噴き出した。ショックで覚醒した豚はこちらに向かうベルトコンベアの上を海老反りになって何度も跳ねた。血が飛び散り、はみ出した腸がうねっている。しかし十秒もすると痙攣《けいれん》を起こして、豚は動きを止めた。

私を連れてきた男は豚のうしろ脚に鎖を巻くと、チェーンから下がった鉤《かぎ》に引っ掛けた。うしろ脚一本で吊るされた豚はからだを揺らしながら二階の作業場へと昇っていった。

「わかったか」

と言って、男は二頭目の豚も同じように引っ掛けると、私に向かって顎《あご》をしゃくった。その仕草が、「やってみろ」という意味だとわかっても、私は初めて見る光景に身を強ばらせたままだった。

「ぐずぐずしてると落ちちまうぞ」

言われて見れば、三頭目の豚がベルトコンベアの端に近づいている。私は右手で鎖を取り、左手で豚の脚を摑んだ。軍手を通して、ざらついた皮膚と太い骨の感触が伝わってくる。しかしなにより驚いたのは、血の気の無さを感じさせた脚がとつぜん蹴り上げられたことで、私は悲鳴を発して尻餅をついた。

鎖は床に落ち、豚もまたベルトコンベアから落ちかけたが、私のうしろに立っていた男は素早く鎖を拾い、豚を吊した。

「みっともねえ声出しやがって。嚙《か》み付かれたわけでもあるめえし。すぐに掛けちまわねえからそういうことになるんだよ。わかったらさっさとやんな。それとも、もうやめて帰っちまったっていいんだぜ。そもそもここは、おめえみてえなヤツの来るところじゃねえんだからよ」

大声で怒鳴られて、私は起き上がった。再び鎖を取り、今度は蹴られずに鉤に掛けたが、そのつぎの豚は目の前に来ても激しく脚を振り回していた。それでもどうにか吊したものの、縛り方が不十分だったために、宙に浮いたところで鎖から脚が抜けた。豚はステンレスの斜面を滑り落ち、頭からコンクリートの台にぶつかった。

「バカ野郎が」

と吐き捨てると、男はベルトコンベアを止めて豚を引きずり上げた。

「もういっぺん同じことをやったら承知しねえからな」

「おいおい、そう苛《いじ》めるなよ。誰だって最初はこんなもんなんだから」

白髪頭のおじいさんに宥《なだ》められても男の怒りは収まらず、苛立たしげに肩を揺すった。

「今日は頭数も大したことねえんだし、あとはこっちで適当に按配《あんばい》すっから」

そこまで言われては仕方ないといった感じで、男は階段を登っていった。

「悪く思わねえでやってくれよ。おっかねえけど、ありゃあ真面目で偉い男なんだから」

「すみませんでした」

下げた頭を上げたあとも見つめていると、白髪頭のおじいさんは、自分は長川《ながかわ》と言い、隣にいるのは竹内だと教えてくれた。私を連れてきた男は新井さんと言って、役職は課長補佐、普段は牛のほうで働いているとのことだった。

新井さんからのプレッシャーがなくなったおかげで、そのあと私はどうにか豚を引っ掛けることができた。ときおり脚が鎖から抜けて豚が落ちたり、引っ掛けるのが間に合わずにベルトコンベアを止めてもらいながら、私は豚のうしろ脚に鎖を絡め続けた。

そのうちに豚の動きもわかってきて、十時過ぎの休憩のあとはあまり失敗をしなくなった。

昼食と帰宅

慣れるにしたがい、私は周囲を見回す余裕ができた。

豚は二十頭くらいずつ、背中に同じ色のペンキを塗られて送られてくる。どの荷主の豚なのかを間違えないようにするためで、一グループが済むと間《ま》ができる。ときには一分以上も手が空いて、長川さんがここを放血場《ほうけつば》ということや、豚に水を掛けるのは電気の通りをよくするためだと教えてくれた。

豚は鼻面《はなづら》から尻までが約一メートル、体重は四、五十キロで、三ヵ月足らずでここまで成長する。つまりまったくの子どもであって、そう言われてみれば豚のからだはどことなく華奢《きゃしゃ》だった。しかしその分を差し引いたとしても、豚の喉《のど》から胸までを一振りで太刀《たち》割《わ》る竹内さんの腕前は見事としか言いようがなかった。

肋骨《ろっこつ》のあいだに道があり、そこを外さなければナイフが勝手に入っていくと言うが、一連の動作にはみじんも迷いがない。ごくたまにナイフが入りすぎて腸を傷つけたときにはバケツの水で糞を洗い流す。そのときの竹内さんの悔しげな表情を見て、私はこの就職が間違った選択ではなかったと知った。

十一時半を過ぎたところで豚が入ってこなくなり、これでお昼だなと私は息をついた。ところが搬入された豚は全て解体したので、今日の仕事は終わりだという。牛も終わっているはずで、これから掃除をして昼飯を食い、風呂に入れば、あとは各自勝手に退社してかまわない。

昨日の面接でも言われていたにちがいないが、勤務時間のことなど頭になかったせいで、私はすぐには事情を飲み込めなかった。それに床には一面に溜まった豚の血液がゼリー状に固まっていて、壁にも血が飛び散り、掃除といっても簡単には済みそうにない。ホースの水とブラシで洗うこと約四十分、ステンレスの階段を登って二階の作業場に上がったときには十二時を回っていた。

「どうだったい」

「驚いただろう」

何人かが声を掛けてくれて、私は無事に一日が済んだことに安堵した。

それから風呂に入り、私は汗と汚れを流した。三、四人は浸かれる大きな浴槽で、たっぷりのお湯にからだを沈めているとお腹が鳴った。空腹に誘われて、私は仕出しの弁当を残さず食べた。

食事のあとに聞いた話では、新人の半数は初日の昼飯が喉を通らないという。ありがちな拒絶反応だが、私は何事もなく食べてしまい、そういえばおかずには豚肉も入っていたと、そのときになって気がつくありさまだった。

「放血場に降りていったと思うと真っ青な顔をして上がってきて、そのまま辞めちゃうヤツとか、もっとひどいのは面接に来たのに臭いと啼き声だけでもうダメで、そのまま帰っちゃう人もいるみたいだね」

そんな話に耳を傾けながらお茶を飲み、風呂上がりで火照《ほて》ったからだが落ち着くと、私は真夏の陽射しの中を歩いて大宮駅に向かった。

ナイフ

翌日も翌々日も、私は豚の放血場に降りて、長川さんと竹内さんと一緒に働いた。どうにか務まると思われたようで、三日目の帰り際に、私は新井さんからナイフとナイフケースを渡された。明日からは豚を引っ掛けながら尻尾も取れと言う。

「どうせ研《と》げやしねえだろうけど、みんなが研いでるのを見てマネるんだね。他人のうまい下手を見分けるのも腕のうちだから」

聞こえよがしに言われて、研ぎ場に並んでいた面々が苦笑しながら振り返った。もっとも、生まれてこの方一度として刃物を研いだことがないのに、他人の腕の善し悪しなどわかるはずがない。

渡されたナイフは新品ではなく、使い込まれたものだった。刃渡りが十五センチほどで、やくざ映画に出てくるドスのように柄《つか》と刃とが一直線に繋がっている。

「いいか、鍔《つば》もねえから、刃先がつかえりゃ指が刃の上を走る。つまり指を切っちまうってことだ。そうならないためには小指と薬指で柄をきっちり握って、人差し指と中指は軽く浮かせる感じで、親指を峰に添えてやる。やってみな。それだと手首が自由に動くだろ。ところが五本の指全部に力を入れて握っちまうと、手首が固まって動かねえだろうよ。これだとガッチリしてるように見えて、手首ごとナイフが揺れるから、まともに研げやしねえんだ」

新入りに、ナイフの正しい握り方を教えてくれる親切はありがたかったが、そんな理屈が身に染みてわかったのは半年以上が過ぎてからだった。また、ナイフは長さのわりに重さがあり、バランスも普通の包丁とまるで違う。その理由は、柄をすげているのではなく、二枚の板で刃の続きの鋼《はがね》を挟んでいるからだ。すげたナイフでは、刃先の感触が握った手にダイレクトに伝わらないし、場合によっては刃が抜けて大怪我につながりかねない。

なにはともあれ、研いでみないことには始まらない。そう思って、新井さんが立ち去ったあとにナイフを研ごうとすると長川さんに止められた。そのナイフはもう研げているので、余計なことをしないほうがいいと言う。そう言われては仕方がなく、それにみんながナイフを研ぐ様子を眺めているのも悪い気がして、私は一足先に休憩室に引きあげた。

尻尾を取る

「いいかい、尻尾の付根にナイフを当てて、刮《こそ》ぐ感じで動かしてやるとな、ほら、勝手に骨と骨のあいだにナイフが入ってうまく取れるってわけだ」

長川さんが手本を見せてくれて、その通りにやってみると、呆気《あっけ》ないほど簡単に尻尾が切れた。

子豚のシッポ、ちょんぼりちょろり
童謡に歌われている通り、私が切り取った豚の尻尾はきれいな弧を描いていた。ナイフには豚の毛が数本付いていて、豚の尻には十円玉大の穴が開き、骨の回りに脂身が見えた。

これまでの三日間で、私は千頭を超える豚のうしろ脚に鎖を巻いていた。一日平均三百五十頭。まだ完全に慣れたわけではなかったが、気を張っているせいか、胸を割られて血が噴き出し、断末魔に苦しむ豚の様子にも驚かなくなっていた。

さらに一日の終わりには「タイカン」がやってくる。タイカンとは種付け用の牡豚《おす》と出産用の牝豚のことで、どちらも桁違いの大きさである。体長は普通の豚の二倍以上。体重だと四、五倍あるだろう。とくに牡豚は全身剛毛に覆われ、口からは牙をのぞかせてと、豚というより猪そのものだった。

タイカンは一発では悶絶しないので、長川さんが何度もスタンガンをこめかみに押しつける。そのたびに呻き声を上げて、ようやく倒れると、竹内さんが喉を刺して絶命させるが、太い前脚が邪魔になって胸が割れない。そこで私がベルトコンベアの上に登り、両腕で右の前脚を持ち上げる。目の前でナイフが豚の胸に突き立てられて、裂かれた心臓から血液が溢《あふ》れ出す。

牝豚のときには、腹に入っていた子豚がこぼれ出すこともあって、赤裸《あかはだか》の生き物が息絶えていくさまに、せめて産ませてから連れて来るべきではないかと憤ったりもした。

しかしいずれの場合も、私は手を貸しているに過ぎなかった。それに対して、尻尾一本とはいえ、自分が手にしたナイフで豚を傷つけたのだと思うと、思いがけないほど気持ちが騒いだ。

「ほい、どんどんやれよ」と竹内さんに言われて、私はわれに返った。

朝から尻尾を取るのでは作業のペースが落ちるからと、私は十時過ぎの休息中にベルトコンベアの上に残った豚を練習台にして尻尾取りを教わっていた。

「はい」と返事をして、つぎの豚の尻尾を取ろうとしたが、余計な感傷に捉《とら》われていたせいか、いくら力を込めてもナイフが骨の継目《つぎめ》に入ってくれない。

「なにやってんだか。そんなふうにしてたらなあ、刃先が潰《つぶ》れちまって使いものになんねえよ」

竹内さんが言った通り、ナイフの切れ味はすっかり落ちていた。

「ほい、貸してみろ」

竹内さんがヤスリを掛けてくれて、そのあと二頭の尻尾はなんとか取れた。上手くいくときには、しごく簡単に切り取れるのだが、それはまぐれに過ぎなかったわけだ。

「止まってる豚でそれじゃあ危なすぎるから、もう少し慣れてからにしな」

そう忠告されるのももっともで、その日の終わり際に時間をかけて尻尾取りのコツを教わった。私はあらためてナイフを扱う難しさを思い知らされた。

牛に移る

それでも三日もするとコツを摑み、私はほぼ全ての豚の尻尾を取りながら引っ掛けができるようになった。

ナイフに続いてヤスリももらい、ベルトの右側に提げたアルミ製のケースにはナイフを、左の腰にヤスリを差すと、それだけで一人前になったような気がした。

ナイフは会社から支給されるが、ヤスリは個人の持ち物で、私に渡されたのは定年退職した人がおいていったものだという。あまり状態がよくないので、そのうちに浅草のかっぱ橋道具街で買ったほうがいいとも言われて、値段を聞くと一万五千円くらいだというので驚いた。

スイス製で、特殊な鋼を使用しているのでそのくらいしてしまう。ただし一生ものだし、仕事の善し悪しはヤスリで決まるらしい。新品は目が粗《あら》すぎて、どんなに優しく掛けても刃が捲《まく》れてしまうので、手が空いたときにナイフの峰側でヤスリをこすり、気長に使えるようにしていく。少しは使いものになるまで二、三年はかかると言われて、それなら善は急げと、私はさっそくヤスリを手に入れようと考えた。

私は神田神保町の古本屋街に刃物を扱う店があったのをおぼえていた。勝手のわからないかっぱ橋で迷うよりいいかと試しに行ってみると、お目当ての根元に魚のマークが掘られたヤスリを売っていた。最後の一本だと言われて買ったところ、会社でも、よくあったなと驚かれた。このところ輸入が止まっていて、かっぱ橋でも品切れが続いているのだという。

幸先がいいとはこのことだし、長川さんや竹内さんとの関係も良好で、これならやっていけるかもしれないと、私は前途に希望を抱いた。しかし上役たちはそれ以上の期待を持ったらしく、私は入社から二週間で牛に回された。

牛と豚の違いは、なんといっても大きさである。

豚はタイカンでも二百キロがせいぜいだが、牛は痩せた牝牛でも三百キロ、大きな牡牛では五百キロを超える。

四本脚で立っているときは、牛の背丈は人より低いが、胴体や首が長いために、吊されると全長が三メートル以上になる。そんな状態の牛など見たことがないわけで、初めて牛の作業場に連れていかれて、うしろ脚を上にして逆さに吊られた牛を見たとき、私は牛がどういう格好をしているのか、一瞬わからなかった。

豚では「引っ掛け」と呼ばれている作業を、牛では「上げ屋」と呼ぶ。

前後の脚と首を取られて、胸と腹の皮を剝かれた牛の両脚に鉤を掛けてやり、ウインチの力で三メートルほどの高さに敷かれているレールに載せる。鉤の先には滑車が付いていて、ここから先、牛はレールを伝って移動させられていく。

豚は間断なく送られてくるので気忙《きぜわ》しいが、ものが小さいのだから使う力は知れている。それに対して五百キロもの牛を動かすには相応の力がいるし、失敗したときのリスクも桁違いに大きい。

私も一度しくじったのだが、レールに滑車を載せ損《そこ》ねて三メートルの高さから牛が落下したときの衝撃は、下敷きになったら死ぬと思わせるのに十分だった。滑車付きの鉤も一本が五キロはあり、躓《つまず》いただけで相当痛い。牛も大きいが、使う道具もなにかと重く、牛の作業場には豚とは異質の緊迫した雰囲気が漂っていた。

ここで牛の解体作業について、簡単に説明しておこう。

繋留場《けいりゅうじょう》から一頭ずつ引かれてきた牛はノッキング・ペンと呼ばれる、前後左右をぶ厚い鉄板で囲まれた場所に入れられる。豚は電気ショックで悶絶させるが、牛は銃で眉間を撃ち抜く。

銃に込める弾《たま》には圧縮ガスが充塡《じゅうてん》されている。その弾が破裂した勢いで銃口から鋼鉄製の芯棒が飛び出し、牛の頭蓋骨《ずがいこつ》に直径一センチほどの穴を開ける。衝撃で、牛は四肢を折って倒れる。

倒れた牛を横向きに一回転させてノッキング・ペンから転がし出すと、頭蓋骨に開いた穴に「トウ」と呼ばれる、よくしなる鋼のワイヤーを押し込み、脳と脊髄《せきずい》を潰す。こうしておかないと絶命したあとも反射運動が残り、脚を振り回すので危なくて仕事にならない。それからナイフで喉を刺し、頸動脈《けいどうみゃく》を切る。心臓はまだ動いているのだから、鎖でうしろ脚を縛って逆さ吊りにしてやれば、喉の切り口から血液が滝になって流れ落ちる。

血抜きをしているあいだに左右の面皮《めんかわ》を剝き、後頭部の筋《すじ》も切っておく。そこまでした牛を皮剝き台まで押してゆき、背中を下にして寝かせる。背骨を嵌《は》める溝を利用しても、並大抵の力では五百キロを超える牛を起こせない。

仰向きに寝かされた牛は四本の脚と首を取られる。牝牛ならオッパイ、牡牛なら陰茎も取られる。いずれもナイフによる仕事で、このあたりの作業については項をあらためて説明したい。

肩から尻までの皮剝きが済んだところに登場するのが「上げ屋」で、ホースの水で牛を洗い、うしろ脚に滑車付きの鉤を掛け、ウインチで持ち上げてレールに載せる。

そこから先は、牛をレールで移動させながらの流れ作業になる。

「エアナイフ」という、空気圧で円形のノコギリ刃を動かす道具で尻と腹の皮を広げてやり、さらに「サイドプーラー」で背中の皮を引き剝《は》がす。食道を出し、残りの皮を「背剝き」する。肛門と直腸を外す「テッポウ抜き」に、内臓を取り出す「腹出し」と作業は続く。最後に電動ノコギリで「背引き」をして、背骨を中心に牛を左右対称に割ってやり、脊髄を取って枝肉にまでするのがわれわれの仕事だった。

牛の上げ屋をしながら、私はエアナイフの使い方を教わった。尻まわりをエアナイフで剝くには、まずナイフで切れ目を入れなければならない。牛の皮は豚よりも格段に厚いし、肛門付近の皮にはたるみと弾力があるため、中途半端な切れ味のナイフでは刃が立たない。

私は毎朝、始業前にナイフを研いだ。千番という、レンガ色をした砥石で研ぐのだが、屠殺用のナイフは金属とは思えないほど柔らかく、見る間にかたちが変わってしまう。もちろん私のような素人が望むままに研げるはずもなくて、それどころか研げば研ぐほどナイフのかたちが悪くなる。

料理人が用いる出刃包丁や柳刃包丁は硬い鋼でできている。それに対して牛や豚の解体では、ナイフを関節にこじ入れるため、硬い鋼では欠けたり折れたりしてしまう。

気づいたときにはナイフのかたちがすっかり狂っていて、一から研ぎ直すのもしょっちゅうだった。刃に添えていた指の腹が砥石に擦れて血が出たり、砥石の上でナイフが跳ねて指を切ったりもした。

そんな有様でも、いつかは上手く研げるようになるはずだと信じて、私は毎朝ナイフを研ぎ続けた。

七月半ばに入社して、ひと月ふた月と汗まみれになって働くうちに残暑も終わり、季節は秋になった。入社から三ヵ月が過ぎた十月十六日に、私は正式に大宮食肉荷受株式会社の社員として採用された。

牛を叩く

正社員になった日のことはよくおぼえている。

見習い期間は三ヵ月ということになっているが、それは建前で、遅刻や欠勤が一度でもあれば見送られる。勤務態度が悪かったり、仕事の上達が見込めないと判断された場合は四、五ヵ月かかるといった噂も耳にしていたので、三ヵ月で採用されたのはうれしかった。

掃除が済んだあとに社長から辞令をもらい、私は総務部で給与と諸手当についての説明を受けた。交通費はこれまでと同じく全額支給される。精皆勤手当てが月三千円。ただし遅刻はもちろん、有給休暇を使った場合でも〇円になる。技術手当てが一日五十円。これは作業課にのみ支給されるもので、勤続年数と技能の向上に応じて百円、三百円と順次上がっていく。

作業課の休憩室に戻ると、昼飯を食っていたみんなが、「佐川ちゃん、よかったなあ」と声をかけてくれた。

「おっ、五十円」

と笑ってみせたのは新井さんだった。

「五十円に見合うように、せいぜい頑張って働いてくれや。もっとも二千円もらってても、からっきしのやつらもいるけどよお」

聞こえよがしの大声に常務や課長がそっぽを向いて、私はなにか曰くがあるらしいと気づいたものの、詳しい事情などわかるはずもなかった。

正社員になると班に配属されて、交替で始業前の水撒きや鉤上げといった作業の準備、それにトイレと休憩室の掃除をしなければならない。班は三つあり、私は一班に入れられた。牛方の人間がほとんどで、新井さんもいる。

なにはともあれ失業から半年で本採用となり、私は大いに安堵した。

翌日も牛は百頭に満たず、十二時前に掃除になった。私は作業場の隅でエアナイフの手入れをしていた。円盤状の刃を外し、布で汚れを拭き取ってから組み立て直してグリースを差す。切れ味が落ちているときには事務所にある専用のグラインダーで刃の目立てをする。

まだ十分切れるので、私は簡単にエアナイフの掃除を済ませた。そこで課長の三橋さんがブザーを鳴らし、掃除も含めた一日の仕事が終わった。実際にナイフを握ったのは八時半から十二時前までの四時間足らずだが、九十頭を超える牛を相手に全力を尽くしたので心身共にへとへとだった。

エアナイフをしまったケースを持って休憩室に降りようとすると、「おい、佐川」と新井さんに呼び止められた。

「ナイフを見せろ」

一日使ったあとのナイフだが、そんな言いわけが通用しないのはわかっている。

「はい」と返事をしてナイフを渡すと、新井さんは少し遠目に私のナイフを見てからヤスリを掛けた。

「まあいいか。エアナイフはそこに置いて、付いて来い」

「はい」

二つ返事で答えて、大きな背中のうしろを歩きながら、私はちょうど三ヵ月前の朝早く、豚の放血場に連れて行かれたときのことを思い出していた。

私より五つ年下で、作業課で一番若い広末君は、新井さんのことを「ゴリラ」と呼んでいた。もちろん親愛を込めてのことで、ある日の作業中に指を切った新井さんが近所の整形外科で三針縫ったあとに平気な顔で働いていたと私が教えると、「あの人はゴリラだから」と広末君が言って、私はなるほどと感心した。

百八十センチを超える上背に長く太い腕。顔は日に焼けてむやみに黒く、しゃくれた顎をくいしばって働くさまはゴリラそのものだった。牛方のトップは次長の田中さんだが、実質は課長補佐の新井さんが仕切っていた。

新井さんは作業場から休憩室に向かう階段の途中で外に出て、機械整備用のプレハブ小屋の横を通り、新幹線の高架下のほうに歩いていく。私が連れて行かれたのは病蓄《びょうちく》小屋と呼ばれる、作業棟から五十メートルほどの場所にある離れだった。

鉄の扉を開けて病蓄小屋に入ると、中には横座りになったホルスタインの牝牛がいた。新井さんがなにも言わなくても、私は事情を理解した。

新井さんは壁ぎわの蛇口をひねって水を出し、ホースであたりを濡らすと、奥からハンマーを持ってきた。一メートルほどの木製の柄の先に銀色の鎚《つち》が付いている。鎚からは鋼の芯棒が突き出ていて、先端は円錐形に刃が切られていた。

「こいつで叩けや」

私は差し出されたハンマーを両手で受け取った。

「いいか、ここんとこだ。額の、両目と正三角形になるところを狙うんだ。外しても逃げやしねえからな。思い切ってやれや」

私はそれまで一度として生き物を殺した経験がなかった。蚊、蠅、ゴキブリは適宜叩き潰してきたが、その行為を一般に殺すとは言わないだろう。

しかし牛を叩けなければ、ここで働き続けられないのもわかっていた。私は牛に近づくと、足場を固めて、ハンマーを振り上げた。

芯棒が眉間に突き刺さり、牛は頭から床に倒れた。

「おっ、うまいじゃねえか。上出来だ。そいじゃあハンマーを抜いて、こいつを開いた穴に突っ込めや。ああ、腹に回っちゃダメだ。脚で払われるから。そうだ、背中のほうから回って。一発入れると首を振るから、そのままかまわねえでぐいぐい入れて。見てろ、うしろ脚が伸びるから。そうだ、そこまで入れれば蹴られることもないから、それを確認してからトウを抜くんだ」

トウと呼ばれる、長さ二メートルほどのよくしなる鋼のワイヤーを引き抜くと、牛はもう動かなかった。

それから私は新井さんに言われるままにうしろ脚を重ねて鎖で縛り、ウインチで逆さ吊りに持ち上げた。真鍮《しんちゅう》の輪が嵌《は》まった牛の鼻先が床からわずかに浮いている。

「ほい、ナイフを抜けぇ。それで、ここんとこだ。胸の真ん中、皮がたるんでるだろ。ああ、そこだ。で、ナイフを逆《さか》に持って。いいか、いくぞ」

すぐうしろにいた新井さんの右手が私の右手を覆い、牛の喉に向けてナイフを突き上げた。重ねられた二人の右手がナイフごと牛の喉に入り込む。大量の血液が噴き出したが、新井さんは私の手を放そうとしなかった。

「いいか、ここんとこだ。ここにはなにもねえだろ。その上は、ほら、Vの字に骨があって、そのあいだの隙間の、ここんところを狙うんだ。そうすりゃあ肉には絶対に傷が付かないし、一発で頸動脈をいけるから。でな、こうやってナイフで血管を探してちゃダメなんだ。血管ってのは逃げるから。ぐっと一気に入れてやる。血管を切ろうとするんじゃなくて、ナイフごと右手を突っ込んでやるんだ。そうすりゃあ、まず一発で切れるから」

新井さんは、私の右手ごと握ったナイフを牛の喉の奥で前後左右に動かした。ナイフを通して言われた通りの感触が伝わってきたが、そのあいだも牛の血液は幅のある流れとなって勢いよく放出され続けた。牛の血は熱く、私の右腕は肩まで真っ赤に染まった。

妻

私は大学を卒業するのと同時に結婚していた。大学には現役で合格したものの、留年と休学を一年ずつしたために、妻と結婚したとき私は二十四歳だった。

妻は私より三歳上で、埼玉大学演劇研究会のOBを中心に結成された「劇団どくんご」で役者をしていた。総勢十五、六名の小劇団ながら自前のテントを持ち、二台のトラックに積み込んで全国各地で公演を打つ。私が大学六年目の春に、翌々年に行う予定の全国縦断公演の準備のために妻たちが札幌を訪れたのを機に知り合い、一年足らずの交際で結婚した。

妻の実家は埼玉県志木市にあり、両親は共に小学校の教員をしていた。妻も教員になるつもりで埼玉大学教育学部に進み、教員免許を取得したものの、演劇熱が高じて、大学卒業後に仲間たちと共に劇団を旗揚げした。「風の旅団」「夢一族」「驪団《りだん》」「白髪小僧」といったアングラ劇団と交流があり、女の身で山谷から建設現場に出たり、絵画モデルをしながら芝居の資金を稼いでいた。

　結婚後は浦和市内にアパートを借りたものの、妻は昼間は仕事、夕方からは埼玉大学構内で芝居の稽古をしていたため、家で私と過ごすことは滅多になかった。そして私が出版社を辞める半月前に、妻たちは四ヵ月にわたる全国縦断公演に出発していた。つまり私は妻の不在中に失職し、再就職をしたわけである。

　いずれのときも私は電話で旅先の妻に事情を話した。妻は、私の両親がそうであったように、私が屠殺場で働くことに反対しなかった。

　私にとっての気掛かりは妻の両親だった。妻の実家は志木の旧家であり、妻の両親が一人娘の結婚相手である私の将来に関心を寄せるのは当然だった。

　大宮食肉への就職をめぐる妻の両親とのやりとりについては「生活の設計」（『虹を追いかける男』双葉文庫所収）に詳しく描いているので、ここではくりかえさない。結論から言えば、私は苦言をこうむることなく、自分が決めた仕事を続けることができた。

　妻が浦和のアパートに戻って来たのは九月初めだった。四ヵ月をかけて、九州から北海道まで移動しながら芝居をするだけでも大変なのに、寝泊りは公園に張ったテントの中、乏しい資金をやりくりしながらの長旅で気力体力を使い果たしたのだろう。妻は暮れにかけてたびたび高熱を発した。そのあいだも私は毎朝七時前に家を出て、大宮の職場でナイフを握り、午後二時過ぎに帰宅するという日々を送っていた。

妻が役者を辞めて教員になると言い出したのは、年が明けた二月半ばだった。彼女がなにを思ってそのような決断を下したのかを、私は訊ねなかった。

妻は実家の父に電話をして、来年度の臨時採用枠に空きがないかとたずねた。できれば小学校の障害児学級がいいと頼むと、さいわい希望は叶い、妻は四月から志木市内の小学校に勤め出した。

差別問題への配慮から、大宮市営と畜場は一般の見学を認めていない。絵描き、カメラマン、それに映像関係者からも頻繁《ひんぱん》に問い合わせがあるが全て断っている。ただし社員の妻子は例外で、希望があれば作業場を見学できるという話を私は聞いていた。

平日は学校があるため、妻が見学に来たのは、私の入社から丸一年が過ぎた夏休みだった。

作業課の面々にも伝えていたので、みんな私の妻が来るのを楽しみにしていた。妻の性分からして、気を失ったりすることはないだろうが、それよりも変に感心されることを私は恐れていた。

その懸念は杞憂《きゆう》に終わった。妻は十時過ぎにあらわれて、休憩時間に差し入れのジュースを配り、十時半から十五分ほど作業場の隅でわれわれの仕事を見学した。そして休憩室まで送っていった私に、「牛、大きいね。大きいね」と言って帰っていった。

3　作業課の一日

妻が見学に来た頃の、つまり一九九一年の夏から秋にかけての作業課の一日を紹介してみよう。

始業前

私は毎朝七時半には会社に着くようにしていた。タイムカードを押し、ロッカーで作業着に着替えてから、ナイフとヤスリを持って作業場に上がる。当番がすでに水を撒いているので、コンクリート打ちっぱなしの床は隙間なく濡れている。

天井は高く、ゆうに五メートルはあるだろう。壁は一面ガラス張りで、たっぷりの陽が射し込んでくる。ところどころ窓枠がずらせるようになっていて、朝の風が涼しい。牛の研ぎ場は西向きの窓ぎわにあって、私は台の上にナイフを置き、砥石をバケツの水に浸す。夜のうちに乾いてしまわないように濡れタオルで包んでおくので、準備体操をしているあいだに砥石は芯まで水が浸みる。

中学・高校とサッカー部で鍛えていたし、札幌でも暇を見つけては広いキャンパスを走っていたので、私は足腰には自信があった。ただし上半身を鍛えたことはなく、これから先、自分のからだがどれほど酷使に耐えるのかはわからなかった。

とにかくケガをしては始まらない。私はサッカーの練習前にしていたように、膝の屈伸から始めて入念にからだを動かした。

それからは砥石に向かい、ナイフを研いでいく。その頃はエアナイフを中心に仕事をしていたので、ナイフは二本用意しておけば十分だった。

問題なのは、ナイフが研ぎ上がるまでの時間が計算できないことで、一本につき五分、合わせて十分で済むときもあれば、三十分かけてかえってかたちを悪くしてしまうこともあった。

どうしてそんな羽目に陥るのかというと、一つにはナイフが砥石に当たる角度をきちんと固定できないからである。右手で柄を握り、左手の中指と薬指を刃に添えて研ぐのだが、このかたちがそう簡単には決まってくれない。しかも両刃に研ぐので、左右の面で押さえ方が変わる。

砥石は縦二十五センチ横八センチの長方形で、押すときに研いで、引くときはなぞるだけ。その二十五センチを押すあいだに、ナイフが砥石に当たる角度を一定に保てれば、刃の面は平らにできあがる。ところが、そのわずかのあいだにも手首がぶれて、結果として刃の面が丸味を帯びてしまう。これが「丸っ刃《ぱ》」と呼ばれる状態で、使い始めは切れてもすぐに刃が潰れて切れ味が落ちる。しかも、いくらヤスリを掛けても切れ味は戻らない。

二つめの理由は、ナイフの根元と先では砥石に当てる角度が違うからで、とくに刃先を研ぐのが難しい。柄に近いところなら、砥石の幅一杯にナイフを当てられるので摩擦も大きく研ぎやすい。

それに対して刃先では、ナイフを砥石に突き立てるようにして研がなければならない。力が一点に集中するためナイフを動かすことさえままならず、どうにか研げたと思うと、角度が急すぎて刃がなくなっている。研げば研ぐほどナイフのかたちが悪くなり、ほかにまともなナイフがあればまだしも、今日はこれでいこうと思っていたナイフが迷路に嵌まり込んでしまったときの情けなさといったらなかった。

それでもありがたいことに毎日研いでいるうちに手のほうがおぼえてくれて、一年が過ぎた頃には、極稀《ごくまれ》に少しは見られるナイフが研げることもあった。その後三年四年と研ぐにしたがい腕もついてきたが、やはり極稀にナイフのかたちがとことん崩れてしまい、二進も三進も行かなくなることもあった。

上手く研げているときには砥石から砥の粉が浮いて出る。砥石に撒いた水が茶色になり、ナイフと砥石で擦られて砥の粉の粒子がさらに細かくなる。そうなればしめたもので、砥の粉がナイフを覆い、格段に滑らかな刃が研ぎ出される。

また、こちらの気持ちもナイフの出来に反映する。体調はもちろん、気持ちにゆるみがあるとナイフの出来は覿面《てきめん》に悪くなった。反対に、ナイフを研いでいるうちにどこか落ち着かずにいた気持ちが静まり、いつの間にか砥の粉も浮き出して、上出来のナイフが研ぎ上がることもあった。

朝早くに作業場に上がり、思い通りにナイフを研げているときの気持ちの良さは、こう書いていても、ほかに比べようのないものだった。

面皮剝き

そのうちにみんなが上がって来て研ぎ場が混み出すと、私はエアナイフの準備にかかる。

エアナイフの台は二つあって、尻を剝くほうは高さが二メートル超。物見台のような、ひと一人立つのがやっとの広さで、作業場を見下ろす位置に立っている。腹を剝く台は半分ほどの高さで、横幅が長い。

急な階段を昇り、エアナイフのジョイントにホースを繋いで空気圧と回転数をたしかめる。それが済むと前掛けをして、ナイフケースを提げたベルトを締める。ヘルメットを被り、私は一足先に牛の放血場に行く。

ナイフにヤスリを掛けながら待つうちに白衣姿の獣医があらわれて、検査のあとに一頭目の牛が眉間を撃たれる。銃声を合図に一日の作業が始まるというのは悪くない。トウを入れられ、喉を裂かれた牛が逆さ吊りにされて、こちらに向かって押し出される。私は牛の左耳を摑み、耳の付根からナイフを入れる。目の上を通り、鼻の手前までを一気に剝き、耳を握り直して、今度は顎の奥まで入るように剝いてやる。右の面も同じように剝いてから、首筋にナイフを入れて幅の広い腱《けん》を断ち切ると牛の頭がガクンと垂れ下がる。

ここまでするのが「面皮剝き」で、瞼《まぶた》を破らず、きれいに穴を残すのがポイントだった。これは牛を降ろすときに右手の指を瞼の穴に引っ掛けるからで、普通にナイフが切れればまず失敗することはない。

よく研げたナイフは十頭ほど剝いたところでようやく切れ味が出て来るために、一頭目ではどうしても切れ味が鈍い。しかし私にとっては練習であるのと同時に、現時点での腕前を披露する大事な機会でもあって、毎朝一頭目の面皮はかならず剝くようにしていた。

エアナイフ

面皮を剝いた牛はそのまま押して行き、皮剝き台の上に並べていく。レールのポイントを切り替えて三頭を吊したところからが本当のスタートで、一斉に牛が降ろされて仰向けに寝かされる。ナイフを抜いた作業員たちが飛び付いて、前後四本の脚が瞬く間に取られる。

その間も私は面皮を剝く。本当は脚も取りたいのだけれど、まだ腕がそこまで達していない。脚取りは隣り合ってナイフを使うために、下手糞《へたくそ》がまじったのでは危なくて仕方がないというわけで、一人離れて面皮を剝いているうちに、最初に降ろされた三頭が順番にウインチで吊り上げられる。

両脚を滑車付きの鉤で吊られた牛はそこから先、レールに乗って運ばれる。私はナイフを収めてエアナイフの台を駆け上り、ストッパーを上げて牛を送り込む。再びナイフを抜くと尻尾の先を切り取り、尻の縁から肛門をかすめて尻尾の付根まで切れ目を入れる。ナイフを左手に持ち替えて、反対側にも同じように切れ目を入れる。

そこからはエアナイフで尻から腿《もも》にかけての皮を大きく剝いてやる。エアナイフは重さが一キロ弱あるが、ナイフに比べると格段に扱い易く、皮にもたれかけるように動かしてやれば肉を傷つけることもない。

立て続けに三頭を剝くと、階段を駆け降りて腹側の台に上り、こちらでは腹の皮を広げてやる。エアナイフでの剝きが浅かったり、甘皮がきれいに出ていないとつぎのサイドプーラーがてこずることになるため、最初の頃は実によく怒られた。

サイドプーラーとは、牛の皮を左右からアームで挟み、背中を押すのと同時に皮を引いてやる機械で、脇腹から背中にかけての皮を大きく剝くことができる。たいへん便利な機械なのだが、エアナイフの剝き方が均一でないと皮離れにむらが生じる。適宜ナイフで補修しても、背中の脂身が皮に付いてごっそり外れることもある。目方は減るし、赤身が覗《のぞ》いて見栄えも悪い。なにより冷凍しているあいだに肉質が落ちるため、すぐさま荷主から苦情が来る。

サイドプーラーの担当は久保田さんと言って、作業課で一番のうるさ型だった。腕が立つうえに理論派で、私もナイフの研ぎ方やヤスリの掛け方についてずいぶん勉強させてもらった。ただし定年間際とあって、いかんせんからだが動かない。その分注意がしつこく、仕事の最中にレクチャーが始まって、エアナイフに牛がたまっても解放してくれない。

「いいか佐川、働くっていうのはなあ、端の者を楽にしてやることなんだよ。ハタがラクで働くだ」

こじつけ入りの説教はどうでもいいから、さっさとエアナイフに戻らせてくれと思っていると、痺れを切らした新井さんが、「久保田さんよ、いい加減にしてくれや」と怒鳴ることもあった。

それでも久保田さんから、脚取りやエアナイフのほんのわずかな剝き方の違いで、あとの仕事にどれほどの影響が出るのかを叩き込まれたのは大きかった。

テコマエ

「テコマエ」とは「前工程《まえこうてい》」を逆さ読みにした業界用語である。大宮では、面皮を剝いて牛を降ろし、前脚を取って肩を剝き、首を外すまでをテコマエと呼んでいた。

技術的には皮剝きのほうが難しいが、体力的にきついのはテコマエである。サッカーで言えばミッドフィルダーに当たる。求められる役割は、とにかく動き回って仕事の流れを作ること。のちに私もテコマエになるのだが、夏場だとものの三十分で長靴の中に汗の池ができた。

私が入社した当時、作業課の面子《めんつ》は三十六、七人だった。その日に入荷した頭数によって豚と牛に人を振り分けるのだが、豚はライン仕事のため、どうしても二十人要る。残りが牛という勘定で、つまり全員出勤でも牛には十六人。放血場に二人、エアナイフ、サイドプーラー、背剝き、てっぽう抜き、腹出し、背引き、洗い場にそれぞれ一人ずつ就くので、平場にいるのは七人。そのうち上げ屋とうしろ脚取りに一人ずつ、皮剝きは二人要るので、テコマエは三人という勘定になる。

もっともテコマエが三人という日はそう多くなかった。

われわれの職場は基本的に自由に休みが取れたので、年二十日の有給休暇を全て消化する人も多く、仕事柄ケガ人も出る。また豚のほうに休みがいた場合でも牛から人を回すので、そうなればテコマエを減らすしかない。つまり常に退場者を抱えてサッカーの試合をしているようなものだった。

テコマエのスペシャリストは西本さん。新井さんの弟分で、天然パーマの髪に揉み上げを伸ばした男前、どんなに苦しくても弱音を吐かない気概で作業を盛り上げていた。ただし相方がなかなか育たず、どうしてもペースが落ちる。エアナイフで待っていても牛が上がってこないので、私は階段を駆け降りて面皮を剝き、牛を降ろしてと、テコマエの助けに入った。

エアナイフの私が降りれば、そこから先に牛が流れなくなるので、サイドプーラーの久保田さんから背引きの黒沢さんまで、ラインについていた人の手が空いて、平場の作業を手伝わざるを得なくなる。もっとも年寄りとはこずるいもので、なに食わぬ顔でナイフを研ぎ出して、顰蹙《ひんしゅく》を買っても知らぬ存ぜぬで押し通してしまう。

とにかく私はエアナイフを全速力で済ませて手を空かせては面皮を剝いたり、牛を降ろすのを手伝った。もちろん私だけがしているのではなく、一番苦しいテコマエを全員で手助けしながら働いていくのが、われわれのスタイルだった。

脚取り

夏のあいだ、牛の入荷は八十頭あればいいほうで、五十頭を切る日もあった。ただし、頭数が少ないのを見越して夏休みを取る人も多く、七、八人で働いたこともある。そんな日は十頭ずつ牛を止めながら仕事をして、私も普段はできない脚取りをさせてもらった。

まず仰向けに寝かされた牛の頭の左側に立ち、ナイフを牛の膝に突き立てる。そこから脚の付根まで皮に切れ目を入れて、返す刀で蹄《ひづめ》に向かって切れ目を入れる。続いて膝の両側の皮を剝くと、真っ白な甘皮に覆われた関節が剝き出しになる。

左足を軸にからだの向きを変えて、左手で牛の脚を押さえながら、関節の凹《へこ》みに沿ってナイフを入れる。手首を立て、刃先を突っ込むようにして、関節の内側、中央、外側にある三本の腱を順番に切断してやれば、皮一枚を残して牛の前脚が取れている。

皮を剝いたときにあらわれる真っ白な甘皮、外されたばかりの青みがかった灰白色の関節、骨の凹みからこぼれ落ちる透明な粘液。ゆっくり眺めている暇などなかったが、それらは牛の脚を取った者だけが見ることを許される美しい光景だった。

4　作業課の面々

共通の心性

わたしは汗かきな人間だ。

手前味噌で恐縮だが、私のデビュー作「生活の設計」はこの一文を以て始まる。

じっさい私は相当な汗かきで、仕事中はいつも大汗をかいていた。作中でも述べているる通り、解体されていく牛のからだから放出される大量の熱と床に撒かれる水による湿気とで作業場は猛烈に蒸し暑く、真冬でも扇風機が回された。

朝八時半から始めて、十時十五分の休憩のときには全身びしょ濡れになり、作業着を替えないことにはとても働けない。もっとも私の場合、汗が出るのは調子のいい証拠でもあって、汗が涸れるのと同時に体力も尽きた。

反対に、新井さんはいくら働いてもほとんど汗をかかなかった。

「おれは、へばってくると汗をかくんだ」

そんな体質があるとは信じられなかったし、新井さんがへばることなど滅多になかったが、あながち嘘でもないようだった。

汗と一緒に脂も抜けて、仕事のあとは、真夏にクーラーのない部屋に寝転んでいても暑さを感じなかった。この変化に気づいたときは、人間のからだとはここまで環境に適応するものなのかと驚いた。なによりありがたいのは「終わりじまい」で帰れることで、それと引き替えならば多少危険な仕事でもかまわないと、作業課の誰もが思っているようだった。

のちに午後二時まで休憩室に留め置かれるようになったが、正社員の扱いでこれほど勤務時間が短い仕事はほかにないだろう。

浦和競馬、川口オート、大宮競輪、戸田競艇とギャンブル好きにはたまらない立地だし、内臓屋でモツの掃除を手伝ったり、仲買人の配達を引き受けたりと、所帯持ちはアルバイトに励んでいた。

「とっとと終わらせて、帰《けえ》るべえよ」

こう書くだけでも懐かしさに胸が疼《うず》く。

われわれはまさに、「とっとと終わらせて、帰る」ために全力で働いていた。

前章では夏場の様子を紹介したため、気楽な仕事のような印象を与えてしまったかもしれないが、秋口から年末年始をはさんでの半年間は、まさに息吐《つ》く間もない忙しさだった。

百五十頭の牛と、五百頭を超える豚を三十六、七人であげるのは並大抵の技ではない。とくに豚の内臓は「足が早い」ために、午前中で解体を済ませないと販売に支障が出るし、枝肉だって午後からのセリに間に合わない。それは牛にしても同じであって、連日になるとからだが保《も》たないので昼飯を食べたが、午後二時過ぎまで通して働くのもしょっちゅうだった。

仕事のあいだは気が張っていても、家に帰れば疲れが押し寄せる。腕が痙攣《けいれん》を起こして、晩ご飯を食べながら箸を落としたり、おわんを持つ手が震えて味噌汁をこぼす。筋肉が火照って、背中から腰まで一面に湿布を貼らないと寝付けない。腰のコルセットは必需品だし、椎間板《ついかんばん》ヘルニアや腱鞘炎《けんしょうえん》を患う人も多かった。それに疲れが溜まってくれば、どうしたってケガが増える。

つまりわれわれは自分たちの意志で「とっとと終わらせて」いたのではなく、会社の都合によって無理矢理働かされていたわけだ。しかしながら、ありったけの力を振り絞り、一分でも早く仕事を終わらせて職場をあとにするのは、なにものにも代えがたい喜びだった。

入社のきっかけ

そうした心性は入社のきっかけにもあらわれていた。

「パチンコ屋で、よく顔を合わせる爺さんがいてさあ。その頃こっちは北銀座（大宮の歓楽街）の飲み屋で雇われマスターをやってたんだけど、仕込みの前に一遊びって、昼過ぎにパチンコ屋に行くと、いつでもこの爺さんがいるのよ。エラそうな態度で、店員をパシリに使って。それで、こいつ暇なくせによく金が続くなあって思ってさ。そのうちに口を利くようになったら、そこの屠殺場で働いてるって言うじゃん。モツを持ってくる肉屋から噂は聞いてたし、こんな爺さんが働けるなら、おれだってどうにかできるだろうって早合点しちゃったんだよなあ。それから十年か。よそのパチンコ屋に行ってたら、こんな爺さんに会わずに済んだのによお」

風呂上がりに一杯飲みながらの岡田さんの話にみんなから笑い声があがると、

「クロだって似たようなもんだよなあ」

と件《くだん》の〝爺さん〟である阿部さんが話し出し、クロさんが「よせやい」と言ってそっぽを向いた。

「聞きたい聞きたい。クロさんは、どうやってうちに来たんですか？」

と若い広末君が話をねだると、

「うるせえ。そんな話をするんなら、おれは明日から仕事に来ねえからな」

とクロさんが怒って、その場はお開きになった。

クロさんこと黒沢さんは加須《かぞ》の農家の末っ子で、剃り上げた頭につぶらな瞳、豊かな頬と突き出した腹は布袋《ほてい》様そのものだった。四十歳代半ばの独り者で、暇つぶしにもっぱらパチンコと競馬。肉ばかり食べるので、そのうち糖尿になるぞと、よく年寄り連中に注意されていた。担当は背引きだが、皮剝きの腕前も一級品で、ただし太っているせいでスタミナが続かない。

反対に、阿部さんは痩せたからだにサラシを巻いた姿がよく似合う、テキ屋の親方といった風体だった。現さいたま市の堀の内に屠場があった頃からの古株だが、金銭がらみの不始末をしでかしたせいで昇進は係長止まり。私が配属された一班の班長で、適度に面倒見のよい人柄に助けられたり、適度に無責任な態度に肩透かしを食わされたりした。

その後、阿部さんに訊いたところによると、場所が南浦和の競馬場というだけで、クロさんが大宮に来たなりゆきも岡田さんとほとんど変わらなかった。ほかにも五、六人が遊興場での付き合いから入社しているという。

屠殺と言うと、被差別部落との関わりが連想されがちだが、大宮に限って言えば、部落出身者は作業員の半数に満たなかったのではないかと思う。

若い頃は井戸掘りをしていたとか、青森から出て来て建設現場を転々としたあげくに流れ着いた人など、経歴は千差万別だった。出自から屠殺にたずさわったというよりも、いくつもの職を経ているうちに大宮食肉に行き当たり、居心地のよさからそのまま働き続けてきたのではないだろうか。

猟犬の飼育や蘭の栽培を副業にしていて、その業界では有名だという人もいれば、レスリングのオリンピック候補だった人もいたりと、まさに多士済済《たしせいせい》だった。

ただし労働運動に関してはさっぱりで、組合もなく、あるのは親睦会だけ。部落解放同盟との繋がりもないようで、部落問題についての集会や学習会が開かれることもなかった。

もっとも入社してすぐの頃、課長の三橋さんに、

「佐川君は、親戚で誰かこういう仕事に就いている人がいるの？」

と訊かれたことがある。

「いいえ、いません」

「肉屋さんも」

「はい」

「そうなんだ」

「はい」

殊勝な顔で答えながら、「それじゃあ、どうしてここに来たの？」と質問が続くのを、私は恐れていた。そのせいもあって、先の質問が暗に被差別部落出身者かどうかを探るためのものだと気づいたのは、その日の帰り道でだった。

「おい広末。佐藤さんは、近頃どうしてんだい？」

「ああ、あの叔父貴《おじき》ですか。もう田舎に引っ込んで釣りばっかりしてますよ」

「いいなあ。佐藤さんのバラケは凄くてよう。隣りで釣ってっと、むこうにばっかり吸い寄せられるみたいにへら鮒《ぶな》が集まるんだよなあ。なんか混ぜてんだろうけど、絶対に教えてくれねえし、こっちも意地があるから訊けやしねえ。ぼちぼちくたばるだろうから、その前に聞いときたいけど、あの人も頑固だからなあ」

「頑固ですよね、それにケチだし。小遣いやお年玉なんて一度もくれたことがないし、ヤスリだって、もう自分じゃ使わないのに。甥っ子のおれから金を取りましたからね。五千円も」

「でも、佐藤さんのヤスリじゃあ、よく切れるだろうよ」

「そうなんですけど、つるっつるなんで、ヤスリが掛かってるのかどうか、イマイチわかんないんですよね」

「バカ。それがいいんだよ。広末が持ってても宝の持ち腐れだから、おれのと交換してやろうか。去年買ったばっかりでまだ目が粗いから、豚のタン出しにはちょうどいいぞ」

「どうしようかなあ。新井さんのヤスリだと思うと下手に使えないし、ちょっと考えさせてください」

そうした会話を聞きながら、親戚同士で勤めていたとなると、佐藤さんという人も広末君も被差別部落の出身なのだろうかと考えることもあったが、それ以上に踏み込んで訊ねはしなかった。

健康保険証

遊興場での勧誘、親戚の紹介に続く入社のきっかけは、私と同じ職安である。ただし経緯は若干異なる。

まず同棲していた恋人が妊娠する。そこからデキちゃった結婚に雪崩《なだ》れ込もうとするとき、お金よりもなお切実に必要なものは保険証である。ガソリンスタンドや居酒屋のバイトでは保険証をくれないし、国民健康保険に加入するには先立つものが要る。

「仕方がないから職安に駆け込んで、どんな仕事でもかまわないので、とにかく保険証をもらえるところを紹介してくださいって頼んだら、ここに回されたんです」

「かあちゃんは反対しなかったのかい」

「背に腹は代えられないっていうか、とにかく正社員になれるならって感じでした」

「そうか。とにかくケガだけはしないように気ぃつけな」

「はい。ありがとうございます」

「ところで予定日は？」

「八月だから、あと四ヵ月です」

「じゃあ休まねえで、三月《みつき》で正社員になるんだね。そうすりゃあ会社から出産祝が出っから。親睦会からの祝い金と合わせると五万円くらいにはなるんじゃねえかな」

「でも、それじゃあお金を目当てに入社したみたいで……」

「そんなこたぁ、三月で正社員になってから悩んでくれや」

「わかりました。ありがとうございます」

一九九七、八年頃だったと思うが、立て続けに三人、まったく同じ経緯で入社してきた若者がいたので驚いた。超氷河期と呼ばれる就職難で、職安のほうでも大宮食肉くらいしか手持ちのカードが残っていなかったのだろう。それに理由はどうあれ、人手が増えるに越したことはなかった。

来る者は拒まず、去る者は追わず。それがわれわれの流儀だったが、そうは言っても、言うは易し行なうは難しである。さんざん手をかけて教えた新人がようやく使える目処《めど》が立った頃に辞めたりすると、どうしたって虚しさが押し寄せる。また、どう見ても使いものになりそうにないチンピラがやってきて、案の定一週間ともたずに姿をくらませるのもしょっちゅうだった。

「とりあえず二、三日やらせてみるべえよ」

三年も新人が居着かずに逃げられ続けたときは新井さんの声にも諦《あきら》めが感じられた

が、それでもまずは相手を励まして、少しは役立つようになる可能性に賭けるしかない。妻と赤ん坊のために入社した三人はやはり腹が据わっていたのだろう。それぞれ子供が誕生し、現在も仕事を続けているのは喜ばしいかぎりである。

結婚

ついでに、と言っては申し訳ないが、ここで屠殺業従事者の結婚について書いておきたい。

現在、三十歳代の未婚率は男女共三十パーセントを超えているのだから、職業を理由に結婚できないと決めつけるのは妥当性を欠いていると言われるかもしれない。しかし私が直接知っているだけでも、十年間で五人の若手作業員が、ここで働いていては結婚できないからとの理由で退社していった。その一方で作業課に勤務しながら結婚した者も複数いる。

「佐川は、かあちゃんいるのかい?」

「佐川ちゃんは、奥さんがいるんだって」

入社したばかりの頃、よく訊ねられたのは学歴よりも妻についてだった。

「はい。親戚を集めて披露宴もしたんですけど、むこうが夫婦別姓がいいって言うんで、籍は入ってないんです」

「そうかあ。でも同棲じゃなくて、結婚なんだろ」

「そうです」

「奥さんの親に、うちみたいなところで働くって言って、揉めたりしなかった？」

「うちは女房はテント芝居をやってて、むこうの親も鍛えられているせいか、文句を言ったりはしませんでしたけど」

「ふーん、そうなんだ」

私が入社した一九九〇年頃、作業課には二十歳代の若手社員が六、七人いて、私以外は全員独身だった。そのせいもあって余計に珍しかったのだろう。木下さんという四歳上の先輩から、一度家に遊びに行ってもいいかと訊ねられた。

入社面接の帰りぎわに、私を怒鳴った新井さんと一緒にいたのが木下さんで、そんなこともあってか、その後はなにかと声を掛けてくれた。右も左もわからずにいた私は仕事のアドバイスをしてもらうつもりで喜んで応じたが、地酒の一升瓶を持ってわれわれのアパートにあらわれた木下さんは、私をそっちのけにして、ひたすら妻と話していた。

「きっと、仕事のことを含めて相談できる女の人がいないんだよ」というのが、木下さんが帰ったあとの妻の弁だった。

木下さんは、私の妻が夫の職業をどう思っているのかについて、しつこいくらいに質問をくりかえした。妻が言うように、木下さんは自分と同年代の女性の職業観・結婚観を知りたかったのだろう。その後も二度、木下さんはわれわれ夫婦と酒席を共にしたが、しだいに仕事を休みがちになり、ある日課長から退社が告げられた。
三十六、七人いる作業員のうち既婚者は半数強で、それも別の職に就いているうちに結婚した人のほうが多いようだった。
山本さんは、大宮食肉に来てから結婚した数少ない例外だった。幸手《さって》の農家の婿養子になり、名字が笹本から山本に変わったという。古くから付き合いのある爺さん連中は「笹本」と旧姓で呼ぶので、そんなことから私も事情を知るようになった。

山本さんは豚方で、恥骨割りの技は見事だった。刃を厚めに研いだナイフを豚の股に当てるだけで硬い恥骨がきれいに割れる。角度なのか、タイミングなのか、相当な力が加わっているはずだが、傍目《はため》には実にスムーズで、穏やかな人柄とたしかな腕前には、誰もが一目置いていた。

私が山本さんと顔を合わせるのは休憩室か風呂場くらいで、それほど親しいわけでもなかった。ところが入社五年目、三十歳で子どもができたのを機に入籍し、私の名字が佐川から鈴木に変わると、山本さんがなにかと声を掛けてくるようになった。

「鈴木さんはさあ……」

以前は「佐川君」と呼んでいたのが「鈴木さん」と、なぜか敬語になり、そのうえ妙に親しげで、これはなかなか辛かった。

当時作業課には日系三世のコロンビア人、アルベルト鈴木がいたせいもあって、私は「佐川」のままで通っていた。給与明細から車の免許証まで「鈴木光晴」になっていても、職場でこれまで通りに「佐川」と呼ばれるのはうれしかった。それなのに山本さんだけが「鈴木さん」で迫ってくる。

私は婿養子になったのではない。婚姻に際しては、夫婦どちらかの名字を選択せざるを得ないわけで、それにみんなは「佐川」のままなのだから……。

山本さんから「鈴木さん」と呼ばれるたびに、私は胸のうちで反論をくりかえしたが、もちろん口に出すことはなかった。その後、二歳上の児島さんが酒屋の婿養子になると、山本さんと同じく、私を「鈴木さん」と呼び出したので、これには苦笑するしかなかった。

「生活の設計」には、子どもができたのを理由に、妻から転職を求められた「伊藤」という男が登場する。公園や幼稚園で、母親同士の付き合いから夫の職業を問われることもあるわけで、そんなときに「主人は大宮の屠殺場で働いているとは言えません」と、おそらくそんな訴えがあったのではないかと、作中では推測されている。結局「伊藤」は、仲人をつとめた次長の計らいによって市役所の現業へと移っていった。

木下さんや「伊藤」のほかにも、「おれは結婚したいんだよ」との捨て台詞を残して会社を辞めていった後輩もいた。高校を中退したあと、どこへ勤めても続かなかったのが、大宮食肉には五年もいたのだから、仕事が気に入っていなかったはずがない。それでも、木下さんがそうだったように、この仕事のままでは結婚できないと思い込んでしまったのだろう。

そうした状況の中、広末君が長年の交際を実らせて結婚したのはうれしかった。今年二月の披露宴で、私は久しぶりにかつての同僚たちと再会した。その中には、「おれは結婚したいんだよ」との捨て台詞を残して辞めていった後輩もいて、私に奥さんを紹介してくれた。

世の中の差別偏見に負けずに結婚し、屠殺場で働き続ける広末君は文句なしに偉いが、立場を違えて会社を辞めても、それを理由に付き合いを断たない結び付きの強さに、私は感心を超えて胸が詰まった。

余禄

鎌田慧著『ドキュメント 屠場』(岩波新書 一九九八年刊)には、一九五〇年代終わり頃の逸話として、つぎのような内容が語られている。

当時は肉よりも脂のほうが貴重で値段も高かった。そのため豚や牛の皮に残った脂身を削り取って長靴の中に隠し、業者に売り捌《さば》く者たちがいて、そうして稼いだ金で家まで建てたというので、付いた名前が〝アブラ御殿〟。

なんとも大らか且《か》つ景気のいい話だけれど、似たような話は大宮でも聞いていた。会社に内緒で持ち出す肉類を総称して〝余禄〟と言う。脂が売れた時代が過ぎてもハラミやレバーをちょろまかした金で家を建てたと言うので、こちらは〝レバーハウス〟に〝ハラミ御殿〟と呼ばれていた。

もう時効だし、今では肉の持ち出しなど不可能になってしまったが、私が働いていた頃にも〝余禄〟はあった。入社から丸二年が過ぎた頃だったと思うが、金曜日の昼すぎに病畜小屋での作業を済ませて上がって来ると、「おい、佐川」と新井さんに呼ばれた。作業場の隅に連れて行かれて、「ほい、見つからねえように持ってけや」と渡されたのは厚手のビニール袋に入った巨大な肉塊だった。

「さっきの和牛のハラミだ。うちで掃除して、かあちゃんと食えや」

「ありがとうございます」

事情がわからないままお礼を言うと、私は肉魂を前掛けの中に隠した。そして何気ない顔で自転車置場に行き、バイクの後部に付けていた金属製の箱にビニール袋をしまった。

後日知ったところによると、病畜小屋で牛を解体するときも、検査員が来て枝肉や内臓をチェックするが、ときには彼らも気が抜けて、検印を捺《お》し忘れることがある。もしくは作業員のほうで、検査員が来る前にハラミを隠してしまえば、まず見つかることはなかった。

今でこそハラミはすっかりポピュラーになったが、九〇年代初めはまだそれほど知られていなかった。新井さんからもらった和牛のハラミはあまりに素晴らしく、私たち夫婦を感激させた。丸々一枚のハラミは一度では食べきれなかったし、その後も半年に一度くらいハラミが回ってきて、小レバーやテールをもらうこともあった。

〝余禄〟の種類はさまざまで、肝臓を患い、黄疸《おうだん》の出た牛の胆嚢《たんのう》からは牛黄《ごおう》が採れる。要は牛の胆石なのだが、滋養強壮効果のある漢方薬として珍重されている。山吹色をした正三角錐《すい》の物体で、これは久保田さんが独占していた。

かなりの値段で売れるらしく、一辺が一センチもある牛黄を見つけたとき、私はすぐ傍で仕事をしていたのだが、興奮を隠し切れずにポケットにしまう久保田さんの姿は今でも目に焼き付いている。

やはり漢方薬で「熊の胃」と呼ばれているのは実は豚の胆嚢で、冬になると窓際の桟《さん》にタコ糸で口を縛った胆嚢がいくつも並んだ。

胆汁には殺菌効果があり、指を切ったときに浸すとキズの治りが早い。ただし猛烈に沁《し》みるので、これは一度だけでこりごりだった。二日酔いにも効くらしく、おっちゃんたちが豚の胆嚢を切り取って、胆汁を飲み干す姿も何度となく見かけたが、とてもマネをする気にはなれなかった。

馬の蹄鉄《ていてつ》、それも骨折した脚に穿《は》いていたものがお守りになると言われても、なんのことやらわからないだろう。一度事故に遭っているので、厄除《やくよ》けの効果があるとの理屈から、交通安全のお守りとして車やバイクに付ける。

南浦和に競馬場があるため、月に一、二頭レース中に骨折したサラブレッドが運ばれて来た。治療をしても、傷口から入った黴菌《ばいきん》で脚を傷めて立てなくなり、馬は遠からず死んでしまう。それなら早く扼殺《やくさつ》してやったほうが苦しみが少ないからと、南浦和の競馬場から大宮まで直接連れて来られるのである。蹄鉄の霊験はあらたかで、以来私は無事故無違反を通している。

ほかにも、牛角の髄《ずい》を発酵させると畑の肥料になるとか、高熱が続き、このままでは命が危ないというときは牛の蹄《ひづめ》を削って飲ませると良いといった、真偽不明の効能を聞いたこともある。

作業課の昼食のテーブルにはいつも牛鍋かモツ鍋があった。これ以上なく新鮮なモツ鍋も美味しかったが、牛鍋には肉のほかにシビレ（リード・ヴォー）や脊髄がたっぷり入っていて、「狂牛病」が取り沙汰される今となってはもはや食べようのない、苦みとコクのある、素晴らしい味だった。

5　大宮市営と畜場の歴史と現在

芝浦VS大宮

芝浦屠場は、言わずと知れた日本最大の食肉センターである。一日に牛は三百五十頭、豚は千二百頭を屠畜解体する。作業員は全員が東京都の職員、つまりは公務員である。身分は安定しているし、退職金は大宮食肉と一桁違う。豚だけでなく牛もオンラインで、牛を寝かせての解体などとっくの昔にしなくなっている。牛のラインは三本あり、一本のラインに二十人以上が付く。作業場はクーラーが効いていて、一人の作業員が行う工程は大宮より少なく、夏でも長靴の中に汗が溜まることはない。

大宮の仲間うちで、やっかみ半分の口調で語られる芝浦屠場の様子はなんとも羨《うらや》ましいものだった。こうした「成果」は、長年にわたる闘いによって勝ち取られたものであり、私に全芝浦屠場労組の取り組みを揶揄《やゆ》する意図のないことは幾重にも強調しておきたい。

そうはいってもJR品川操車場に隣接した芝浦屠場と大宮食肉とは、屠場としては隣同士といってもよい場所にあるうえに、同じ中央市場でありながら、職員の待遇から作業の仕方までことごとく異なっていたのは事実だった。

　全芝浦屠場労組の闘いについては前掲の『ドキュメント　屠場』に詳しいので、ぜひそちらに当たっていただきたい。

　最低限の知識だけを述べておけば、昭和三十年頃の芝浦屠場においては、東京都の職員である「屠夫」が、内臓業者から派遣された若い衆を使って馬牛豚の屠畜解体を行っていた。つまり作業の実働を担う労働者は内臓業者の従業員だったのであり、彼らは屠畜の仕事からは一切賃金をもらっていなかったのである。

　どうしてこのような「違法就労」が罷《まか》り通っていたのかといえば、内臓業者が一刻も早く内臓を得たかったからだ。モツは傷みやすく、希少品でもあったため、内臓業者の親方たちは人手を無償で提供することで、早く確実に品物を手に入れようとした。東京都のほうでも、内臓業者の弱みに付け込んで、就業契約をあいまいにしたまま、労働者をタダ働きさせていた。

　そうした状況に憤った五十名弱の内臓問屋の若い衆たちによって、一九七一年一月に芝浦臓器労働組合が結成された。それを部落解放同盟が支援して、同年十二月に全芝浦屠場労働組合を結成。東京都の屠畜解体業務にたずさわっている以上、都が作業員を直接雇用すべきだとの要求を掲げて運動を繰り広げた。一九七五年、東京都が食肉関連の公社を設立して公務員化への道筋が付き、現在に至っている。

『ドキュメント 屠場』には、横浜屠場や大阪・南港《なんこう》市場での闘いも描かれていて、芝浦とほぼ同時期に、全国各地の屠場で雇用関係の明確化と待遇改善を求める運動が行われていたことがわかる。

そしてわれらが大宮市営と畜場においても、やはり同じ頃に、堀の内から現在の場所への移転を機に、公務員化をめざす動きがあったという。ところが運動は広がらずに頓《とん》挫《ざ》し、主導者数名が退職に追い込まれたことで公務員化の流れは潰《つい》えた。

親睦会だけで労働組合はなく、差別問題に関する学習会すら催されない背景には、そうした「敗北の歴史」があったわけだ。

『ドキュメント 屠場』によれば、各地の屠場労働者たちは実によく交流している。「全国屠場・食肉市場労働者交流集会」なるイベントまであり、作中では一九九七年の「第十五回」が取り上げられている。してみると第一回は一九八三年に開催されたのだろうか。

私は一九九〇年七月に大宮食肉荷受株式会社に入社し、二〇〇一年二月までの十年半、作業部作業課に勤務した。その間、同業者との交流といえば、芝浦屠場を一度見学しただけだった。先の「屠場労働者交流集会」など噂にも聞いたことがない。連帯どころか労働環境を比較することすらなく、われわれはひたすらこき使われていた。

Ｆ1とガタ牛

『ドキュメント 屠場』の巻頭には、参考資料として、一九九五年の「全国食肉市場一覧」が掲げられている。屠畜頭数は牛豚共に芝浦が断トツであり、二位は大阪。牛に関しては、大宮は仙台に継ぐ四位の年間三万一千五百九十三頭を屠畜しており、当時牛方でテコマエをつとめていた者としては素直に誇らしい。

大宮市場の特徴は、なんといってもホルスタインの多さである。九六年に私は芝浦屠場を見学したが、なにより驚いたのが牛の質だった。三百五十頭の全てが和牛であり、Ｆ1も牝牛が多いときている。

Ｆ1とは、和牛の牡とホルスタインの牝とを交配させた牛で、より体格の大きな黒牛＝「和牛」に成長する。肉質は和牛に劣るため、現在はスーパーのパックにも「交雑種」の表示が義務付けられているが、以前は「和牛」として売られていた。

大宮市場では百頭の入荷があったとすると、そのうち和牛が十五頭にホルスタインが七十五頭くらいの割合だった。和牛はＦ1がほとんど、それも牡牛ばかりで、牝の和牛など滅多に来ない。ホルスタインを丸々太らせたＦ1の牡牛は大きく重く、厄介なことこのうえなかった。

ゆうに五百キロを超えるＦ1の牡牛を皮剥き台に寝かせるのは一仕事で、長い角がつっかえて、本気の力を出さなければ頭を起こせない。足首は片手に余る太さだし、胴まわりも種牛並みで、何度も皮を持ち替えないとナイフが背中に届かない。全身が黒いというだけで、和牛とは似ても似つかないF1の牡牛には随分苦労させられた。

仕事の大半を占めるのはホルスタインだった。それも五、六回は出産を経た牝牛で、オッパイばかりが大きく、肉はすっかり落ちている。煎餅《せんべい》を縦にしたような姿で背骨を突き出し、肋骨《ろっこつ》を浮き上がらせた様子から「ガタ牛」と呼ばれていた。

絶えず乳を搾《しぼ》り採るために、ホルスタインの牝牛は妊娠・出産をくりかえす。子牛を一、二頭産むのはいいが、四頭五頭となれば、からだはどうしたって痩せ衰える。乳の出も悪くなり、これ以上飼っていても餌代がかさむばかりだとなったところで、牝牛はトラックに載せられる。

それでも立っているうちに出荷されるだけマシなのである。

本書の「はじめに」でも書いたように、お産をくりかえした牝牛は骨が脆《もろ》くなって、ついには股関節を脱臼したり、恥骨が割れたりする。その時点ですぐに持って来る業者もいるが、中には治療もせずに放置して、ボロ屑《くず》同然になってから、仕方なしに連れて来る者もいる。

酪農家の経営は苦しく、経費を浮かせるためにはやむをえないのかもしれない。しかし相手は生き物であり、長年にわたって乳を出し続けてくれたことを考えれば、あまりにひどい仕打ちだった。

子どもを産んでいない牝牛の皮はごく薄く、なんの抵抗もなくナイフが入る。関節の隙間もたっぷりあって、ナイフをこじ入れる必要などない。ちょんちょんちょんと、三箇所の腱を切ってやれば、脚でも首でも楽に取れてしまう。皮の下からあらわれる脂肪は透けるような白さで、とくに乳房は輝きさえ帯びていた。

値段も和牛の未経産が一番高い。ただし、全部を未経産で出荷していては子牛が生まれない。そこで和牛の場合は一頭産ませただけで出荷することも多く、未経産に比べていくらか肉質は劣るが、これも解体するのは容易だった。

高価な和牛は万が一にも肉に傷を付けるわけにはいかない。そのため作業は慎重になるが、そうはいってもナイフに力を込めるか込めないかのうちにするすると皮が剝けてしまうのだから、楽であるのに変わりはなかった。

それに対してガタ牛は、皮はゴワゴワと厚く、脂肪もすっかり落ちている。長年からだを支えた脚の関節は圧《お》し潰されて、骨と骨がくっつき、ナイフを入れようにも隙間がない。乳の出が悪くなったあとは、農家もろくに面倒を見ないのだろう。爪は伸び放題でそっくり返り、皮に糞尿と藁屑《わらくず》がこね合わさった固まりがこびり付いている牛も多かった。

病原性大腸菌O－157の問題以来、搬入時の検査も厳格化されて牛もきれいになったが、それ以前は本当にひどかったのである。

オッパイの山

大宮でも、毎年十一月半ばから年末にかけては和牛が並んだ。丁寧に肥育《ひいく》された肉牛はナイフの走りが違い、見る間に作業が進んでいく。

ところがホルスタインの牝牛ばかりになると、脚を取ることからして大変だった。オッパイを取ったり、溢《あふ》れ出る乳を洗い流すのにも手間がかかるし、十頭二十頭と解体するうちに皮剝き台の周囲がオッパイで埋まってしまう。

「佐川、テコマエはいいから、オッパイを片付けろ」と新井さんから言われてナイフをケースにしまい、駆け足で台車を持って来る。

オッパイは一つ七、八キロはあったと思う。残っている皮に切れ目を入れて、そこを持ち手に、ハンマー投げの要領でつぎからつぎへとオッパイを放り込む。いっぱいになった台車を押して、エアナイフ台の脇にあるダストシュートに落とす。それを五、六回くりかえせばオッパイはなくなるが、その十分ほどの間、テコマエと皮剝きはひとり人数の少ない状態で仕事を回さなければならない。

エアナイフや腹出しから人が降りて来てくれればいいが、ガタ牛ばかりだとそれぞれの作業も手間取っているわけで、助けに行きたくても行きようがない。おまけに、ようやくテコマエに戻ったそばから、こびりついた糞に当たってナイフの刃先が潰れたりする。

こちらが下手ならともかく、ヤスリも掛かって切れ味のいいナイフが台無しになったときの腹立たしさと言ったらなかった。

それが芝浦では三百五十頭和牛が揃い、オッパイなど取ったことがないと言う。たしかにホルスタインが来なければ、オッパイを取りようがない。おまけにオンラインでは、自分の持ち場を離れてよそを助けに行くことなど想定していないわけで、同じ屠畜解体業とはいえ、われらが大宮食肉とのあまりの違いに、私はどこにどう憤るべきかもわからないまま芝浦屠場の見学を終えたのだった。

酪農家も卸業者も肉屋も、日本一の芝浦屠場で解体された牛だとのお墨付きが欲しいのだろう。銘柄のついた和牛はことごとく芝浦に集まる。一方、われらが大宮屠場には北関東一円はもちろん、遠く北海道や東北各地のガタ牛が集結する。しかも牛を寝かせる時代遅れの解体方式で、オンラインに比べて格段に肉体を酷使するのに賃金は安い。

しつこいようだが、私は間違っても芝浦屠場の作業員たちに文句が言いたいのではない。われわれが大宮食肉荷受で薄給ながら正社員の扱いを受けていたのも、芝浦屠場労組による先駆的な闘いがあったからこそである。それに、もしも入社一、二年目で芝浦屠場のことを知っていたら、私はよりよい賃金と待遇を求めて大宮から移っていたかもしれない。しかしながら幸か不幸か、私は浦和の職安で大宮食肉を紹介されて以来、ひたすらガタ牛の群れに鍛えられた。そうした私にとっては、大宮こそが屠殺の基準なのである。

「逃げ屋」と「まくり」

大宮食肉の仕事は本当にきつかった。

入社したばかりの頃はまだからだが慣れないせいもあって、月に一度くらい、週末に熱を出して寝込んでいた。それでも日曜の夕方には熱も退《ひ》き、休まずに出勤したのはちょっと誇らしい気がする。

私の身長は百七十センチちょうど。入社前の体重は六十四キロくらいで、服のサイズはMだった。それが七、八年後に体重は八十キロに達し、服はＬＬが入らなくなった。

体重の増加は九割方筋肉によるものである。腕、足、尻、胸、背中、腿、肩のどこを取っても、私のからだは日々の労働によって鍛えられた筋肉が盛り上がっていた。筋肉の付きやすい体質だったのだろうが、本当に見る間にからだは仕事に適応した。

もっと驚いたのは、私の爪の性質だった。入社五年目に主任に昇格し、牛の皮剝きに本格的に取り組み出した頃、例によって新井さんに呼ばれた。

「佐川、爪を見せてみろ」

前置きなしの命令に、私は「はい」と答えて左手を差し出した。

「いい爪だね」

そう言われても、なんのことやらわからない。しかし皮剝きに関して何事かを言おうとしているのだと考えたのはつぎのような理由に拠《よ》る。

仕事のとき、素手ではナイフが滑って危ないので、右手には水で濡らした軍手をする。左手も素手だとケガをしやすいので、やはり軍手をする。鎖編みの手袋や糸の芯にワイヤーが入った軍手もあって、これだとナイフが当たっても指が切れない。ところが皮剝きだけは、左手は素手でなければならない。

牛の皮剝きは、野球で言えば四番バッター、料亭なら花板に当たる。テコマエが牛を降ろし、前後の脚と首を取ったあとに、さあオレの出番だという雰囲気でナイフにヤスリを掛けながら皮剝きが登場する。

仰向けに寝かされた牛の、頭のほうから見て左半身を剝くのが「逃げ屋」。それを追い掛けて右側を剝いていくのを「まくり」と呼ぶ。

「逃げ屋」の場合、へその手前から入れたナイフをそのまま胸まで引き寄せれば、幅十五センチほどの持ち手ができる。あとは左手で摑んだ牛の皮を小指を支点にして絞り上げるのに合わせてナイフを押し込んでいくのだが、左手に軍手をしていては皮を持ち切れない。

ナイフばかりに目を奪われがちだが、ナイフの動きをリードしているのは左手である。ナイフは常に左手が皮を引くのと反対の方向にしか入っていけない。つまり皮剝きにおいては、右手と左手は半周違いの円を描き、左手の引きがゆるんだ途端にナイフが皮や肉を傷つけてしまう。

皮を剝くとき、意識と一番密接につながっているのは左手の小指と薬指である。ナイフの刃先から伝わる感触も鋭敏に捉えてはいるが、やはり皮を引っ張ってのちにナイフが動くのであって、その逆ではない。

胴まわりを過ぎ、背骨に向けてナイフを入れていくときには、すでに左腕は引き切っている。そのため小指と薬指に絡めた牛の皮を、手首の動きであと少し張ってやる。すると右手のナイフは二十センチは奥にいく。これだけで背向きの仕事が格段に楽になるし、枝肉になったときの見栄えも全然違う。最後の引きは爪に引っ掛けるからこそ可能な動作であって、左手に軍手をしていたのではやりようがない。

そういったわけで牛の皮剝きは左手を素手にしてするのだが、最初のうちは皮の重みに負けて指先が熱を帯び、痛みで夜中に目を覚ますこともあった。

新井さんに「爪を見せろ」と言われたのは、ようやく指先が落ち着いてきたときだった。

「いい爪だね。おれのと取りかえてもらいたいくらいだよ」

苦笑しながらの言葉に続いた説明によると、爪には三種類あるという。

一つめは、使うにつれて大きく硬くなる爪で、丈夫でいいように思えるが、爪の先が開いてゴミが入る。場合によっては捲《まく》れ上がって爪がはがれることもある。

「おれや阿部さんのがそうだよな」

そう言って見せてくれた新井さんの左手は、どの指先も団扇《うちわ》のように膨《ふく》らんでいて、分厚い爪は根元まで真っ黒だった。

「まったく、これだからなあ。みっともねえから、外を歩くとき、左手はポケットに入れたきりだぜ」

二つめは、使うにつれて減っていく爪で、圧力に負けて爪がどんどん後退していく。しまいには指がソーセージのようになって、爪は生え際にわずかに付いているだけになってしまう。

「永島がそうだけどな。あれだと皮が引っかからねえし、指は痛いしで、ヤツも相当きついみたいだな」

永島さんは「まくり」をしていたが、小柄でリーチもなく、正直に言って腕前はそれほどでもなかった。しかし後日見た永島さんの左手は、ただでさえ小さな手にほんの気持ち爪が付いているだけで、これで新井さんの向こうを張って皮を剝いているのかと思うと、その気力に頭が下がった。

そして三つめは、いくら使っても変わらない爪で、私の爪がそうだと言う。じっさいは、心持ち厚みを帯びて、大きさも増しているのだが、前の二つに比べれば変化は微々たるものでしかない。

「クロさんが、お前と同じ爪だよな。いい爪だから、せいぜい大事にするんだね」

それまでの五年で体力がもつのは自分でもわかっていたが、牛の皮剝きは面皮剝きや脚取りと比べて格段に難しく、どこまで上達するのか自信はなかった。期待されているとわかっていても、ナイフの使い方は奥が深い。望んで就いた仕事だが、越えなければならない技術の壁は想像以上の高さだった。

新井さんから爪を褒《ほ》められたときも、これで弱音を吐きようがなくなったし、牛の皮が剝けるようにならなければ面目が立たないと、私はかえって追い込まれた気持ちになった。それに屠殺に向いた爪というのも、なかなか広言しづらい資質である。しかしそう思うことは牛に対しても、先人たちに対してもはなはだ失礼であり……などとあれこれ頭を悩ませながら、私は翌日から一層仕事に励んだ。

屠殺と屠畜のあいだ

唐突ではあるが、ここで屠殺という用語について説明しておきたい。

大宮で、われわれは自分たちの仕事を「屠殺」、職場は「屠殺場」と、そのものずばりの呼び方をしていた。ちなみに「屠殺場」は「とさつば」と発音する。「とさつじょう」とは言わなかった。

すでに述べたように、会社の正門には「大宮市営と畜場」と記されたプレートが掲げられていた。しかし、それに倣《なら》って「とちく」と呼ぶ作業員は、私の記憶するかぎり一人もいなかった。

もっとも、どんな仕事にせよ、自分たちの職業をことさら固有名詞では呼ばないものだろう。したがって、われわれの場合も年に一、二度会話の流れで、「まあ屠殺だからな」と誰かが口に出すのがせいぜいだった。それでも、それだからこそ、デビュー作「生活の設計」がそうだったように、私は自分の仕事を「屠殺」以外の言葉では考えることができないのである。

休憩室での雑談で、その頃へら鮒釣りが流行《はや》っていたことから、広末君が、

「ねえねえ新井さん。釣り仲間も増えてきたことだし、サークルにしてステッカーとか作りましょうよ」と言った。

「サークルって、おめえ、名前はどうすんだい」

「どうしようかなあ。岡田さん、なんかいい案ないっすか」

「気にしないで、そのまんま付けちゃえばいいんじゃねえの」

「となると、屠殺場へら鮒釣り研究会、だな」

「いいすねえ、新井さん。屠殺場へら鮒釣り研究会、略して屠研」

「しょうがねえな。それじゃあ、なんだって屠研になっちまうじゃねえか」

「そうか。屠殺場パチンコ研究会でも屠研ですもんね」

「でも、屠へ研もかっこ悪いよなあ」

「名前はともかく、ステッカーは作るか。ナイフとヤスリと釣り竿を組み合わせて。それとも牛の頭蓋骨と釣り竿にするか」

「あっ、それいい。最高。新井さん、やっぱりセンスが違うなあ」

「バカ、そんなの誰にも意味がわかんないって」

「いいじゃないっすか、岡田さん。それでＯＭＩＹＡ・ＴＯＫＥＮってローマ字で入れたら、これなんですかって女の子から訊ねられたりしてさあ」

「まともに説明したら、おっかながって逃げてっちまうよ」

「そうかなあ、まあ冷静に考えたらそうですよね。ああ、おれも彼女が欲しいなあ」

　これはあくまで職場の休憩室で交わされた会話であって、居酒屋やファミリーレストランで同じテンションと用語で話せるかとなれば別だろう。しかし、われわれは自分たちだけの気の置けない雰囲気の中ではそのように話していた。

　誤解のないように断っておけば、私は「屠殺」及び「屠殺場」を新聞や雑誌でも用いるべきだと主張しているのではない。「屠」だけでも十二分に重たいのに、さらに「殺」

まで付け足す必要はない。

そうかといって「食肉処理場」や「家畜解体場」と言い換えるのにも不満が残る。それらの一見散文的な表記では、なによりもまず生きた牛や豚が叩かれ、血を抜かれ、皮を剝かれ、内臓を出されてのち、ようやく食用の肉になるのだという事実が隠蔽《いんぺい》されてしまうからだ。

ところで、われわれは「屠殺」と呼んでも、自分たちが牛や豚を殺しているとは思っていなかった。たしかに牛を叩き、喉を刺し、面皮を剝き、脚を取り、皮を剝き、内臓を出してはいる。しかしそれは牛や豚を枝肉にするための作業をしているのであって、単に殺すのとはまったく異なる行為なのである。

「屠殺は、屠殺である」(『新潮』二〇〇一年八月号)というエッセイでも書いたことだが、小説「生活の設計」には「死」という文字がほとんど出てこない。まして、解体されつつある牛や豚を指して「死体」と呼んだことは一度もない。「命」や「いのち」にいたっては、ただの一度も登場しないはずである。自分の目の前には、生きている牛や豚が枝肉になるまでの全過程がパノラマとして展開されている。しかし、ここが命と死の境目だと指差せる瞬間はないと思っていたからだ。

「死」には「冷たい」というイメージが付きまとう。しかし牛も豚もどこまでも熱い生き物である。ことに屠殺されてゆく牛と豚は、生きているときの温かさとは桁違いの

「熱さ」を放出する。

『世界屠畜紀行』（解放出版社　二〇〇七年刊　現　角川文庫）の中で、著者の内澤旬子は、ハンターに同行した上越地方で雉子《きじ》と小ガモをもらった経験を書いている。しとめたとき「獲物」だった鳥たちは、新幹線の駅に入ったとたんに「死体」に豹変したという。

都内の自宅に持ち帰ったあと、内澤は雉子と小ガモの「死体」の羽を毟《むし》って肉にする。すっかり冷めていたであろう鳥たちを解体する行為を差して、内澤は、「屠殺じゃなくて屠畜ということばがぴったりくる」と記す。

上下二段組三百六十頁に及ぶ労作の結びに置くからには、自身の核となる体験だったにちがいない。しかし屠殺されてゆく牛と豚は、内臓を抜かれ、背引きをされて枝肉になってもなお、温かみを失ってはいないのである。

喉を裂いたときに流れ出る血液は火傷をするのではないかと思わせるほど熱い。真冬でも、十頭も牛を吊せば、放出される熱で作業場は暖まってくる。切り取られ、床に放り投げられたオッパイからは、いつまでたっても温かい乳がにじみ出る。

「冷たい死体」を解体するのが「屠畜」なら、われわれがしていたのは「屠畜」ではなかった。

『ドキュメント　屠場』が刊行されたときも、私は「屠場」という用語に躓いた。正直に言えば、私はそんな言葉があることを知らなかった。

たしかに「屠」の一字があれば、簡潔に用は足りている。しかし今にして思うのは、われわれには「屠」だけでは足りなかったのだ。差別偏見を助長しかねない「殺」の字を重ねなければ、われわれは自らが触れている「熱さ」に拮抗できないと考えていたのではないだろうか。

『世界屠畜紀行』で内澤も書いているように「屠畜場」や「屠場」と言ってもまず通じない。ところが「屠殺場」ならすぐに通じてしまう。

現実に存在する言葉だからといって、それが正しいと限らないのはもちろんである。差別的な意味合いが込められているならなおさらだ。そのことをくりかえし頭に叩き込みつつも、私はやはり自分たちがしてきた仕事は「屠殺」であったと考えている。

牛や豚を殺しているのではないと言い張りながら、「殺」を容認するのは矛盾だが、われわれは「屠殺」という二文字の中に作業場でのなにもかもを投げ込んでいた。

ケガ

熱いのは牛や豚だけではない。

牛や豚と同様に、われわれ作業員の肉と血も熱いのである。それはケガをしてみればわかることだ。

話は飛ぶが、王貞治は自身が打った八百六十八本のホームラン全てのシチュエーションを克明におぼえていたという。相手投手はもちろんのこと、球種、カウント、イニング、点差、ランナーの有無、それに打球の方向と距離までおぼえていた。それは決して満足感からではなく、つぎに対戦するときの参考として頭に焼き付いていた。その証拠に、引退を決意するやいなや、ホームランに関する記憶の大半が霧消してしまったという。

世界のホームラン王と比較するのは乱暴だが、私も大宮食肉に勤務しているあいだは実に多くのことを記憶していた。中でも鮮明におぼえていたのはケガについてで、何年目の何月何日にどういうシチュエーションでどの指のどこを切り、何針縫ったかを全ておぼえていた。

それが退社から半年が過ぎた頃に、ふと思い出してみようとして、思い出せずに慌てたことがある。王選手の話を知ったのはそのあとだったので、そうとわかっていたらメモをしておいたのにと残念で仕方がなかった。

もっとも、いくつかのケガは今でも記憶にあって、最初に指を切ったのは入社からひと月が過ぎた頃だった。仕事のあとに、珍しく研ぎ場が空いていたので、私はナイフを研ぎだした。すると五往復くらいしたところで刃先が砥石に突っ掛かり、跳ねたナイフが左手の人差し指に当たった。

あっ、と思ったときには、指先から血が流れ出していた。慌ててナイフを置くと、隣りでナイフを研いでいた阿部さんに、「そりゃあ医者に行ったほうがいいな」と言われた。

「どうせ一針か二針だから、大久保で縫ってもらってきな」

会社の近所には整形外科のある病院が二軒あり、一説によるとわれわれのケガによる労災が大きな収入源になっているという。

縛ってもらった包帯にも血がにじみ、縫わないことには無理らしい。それでも私が医者に行くのを躊躇《ちゅうちょ》していたのは、就業中のケガは労災扱いになるが、だからといって正社員になるのが遅れないとは限らないからだ。

阿部さんが見立てた通り、会社のすぐ裏にある大久保医院で私は指先を二針縫われた。その日はさいわい金曜で、週末のあいだに痛みも腫《は》れも引いて、月曜日からはいつも通りに働けた。上げ屋とエアナイフなのだからできて当たり前だが、指に糸が入ったまま働いていると思うと誇らしくもあって、かえっていい経験をしたとさえ思っていた。

ところが抜糸の痛みは予定外だった。糸と肉がくっついてしまい、指を切ったときよりも抜糸のほうが痛かった。

その後も私はほぼ年に一度の割合で指を切り、病院で縫合してもらった。最長で丸二年切らずにいたことがあったが、三ヵ月で二度切ったりもして、平均するとそうなるようである。もっとも私だけでなく、誰もが似たようなペースで指を切っていた。縫う、縫わないは別にしても、疲れてくるとどうしても手先がぶれて、肉を削いだり、指先を切ったりしてしまう。

今、両手を広げてみると、縫いあとは左手の親指と人差し指、それに右手の人差し指に集中している。左腕と左足にも一箇所ずつ刺し傷のあとがある。

一番ひどいのは右手の人差し指で、このときはもろにナイフを握った。

われわれの使うナイフは柄と刃が一直線につながっていて、鍔もない。そのためナイフを返すときに刃先がつかえると、柄を握っていた指がそのまま刃の上を滑っていく。力が入っているため重傷になりがちで、腱が切断されてしまうこともある。

刃先がつかえるたびに腱を切っていたのでは指が何本あっても足りない。そこでナイフを持つときには小指と薬指の二本で柄を握り、親指で峰を押さえて、人差し指と中指は添えるだけにする。こうしておけば、刃先がつかえた拍子に人差し指と中指が浮いて、刃を握らずに済む。そうは言っても、疲れてくるとナイフの握り方が一本調子になるのは致し方なかった。

五本の指全部に力を込めてナイフを握るのを「クソ握り」と言う。最初にナイフを渡されたときに新井さんから教わったように、クソ握りでは手首が固まって、ナイフがスムーズに動かない。だから実際に作業をするときにはかならず小指と薬指だけの正しい握り方になっているはずなのだが、ナイフを返すときには疲労からクソ握りに近くなってしまうのではないかと思う。

私がナイフを握ったのは、牛の喉を出すときだった。あと三日で正月休みとあって和牛が多く、朝からテコマエをしていたのだが、ペースが上がって久保田さんのサイドプーラーが間に合わなくなってきた。

「佐川、ちょっと行って助けてやれや」

新井さんに言われて、私はサイドプーラーに付いた。左右のアームで皮を挟み、背中を押すのと同時にアームが引かれる。胴まわりから背中にかけての皮がきれいに剝けた牛を隣りに送り、電動ノコギリで胸を割って喉を出す。そのあいだに久保田さんが首を剝き、阿部さんの背剝きも手伝えるので、みるみる牛が捌《さば》けていく。

久保田さんが休みのときにはサイドプーラーに付いていたので、私はつぎつぎ牛を片付けていった。しかし私がこっちにいるあいだはテコマエが一人減るのだから、新井さんや永島さんは皮を剝きながら脚取りもしてと、ただでさえしんどいところに仕事が増える。

十二月に入ってから連日百五十頭が続き、誰もが疲れ果てていた。早くテコマエに戻らなければと思って気が急《せ》いたのだろう。喉の奥に入れようとしたナイフの先が胸の肉につかえた。人差し指にナイフが食い込み、肉が断たれて骨で止まる。その感触は、今でも鮮明に残っている。

にうずくまる。

「やばい」という判断が頭を過《よぎ》ったときには、私は左手で右腕を摑んでいた。ナイフを握ったケガは傍目《はため》にもよくわかって、腕を前に伸ばした格好でナイフを落とし、その場にうずくまる。

おそらく声を発していたのだろう。すぐに新井さんが駆け寄ってきて、「やっちまったか」と言った。

「すみません」

「どれ、見せてみろ」

そこでようやく右手に目を向けると、軍手と一緒に人差し指が真っ二つに割れている。指の幅いっぱいの裂目に両側の皮膚が落ち込んで、血は出ていない。右腕の感覚が麻痺《まひ》していて、痛みはなかった。これまでのケガとはまるで様子が違い、指の腱を切ったのではないかと思いつくのと同時に、「佐川、指を動かしてみろ」と新井さんに言われた。

黙って頷いてから指が曲がるまでのあいだは恐ろしかった。

「よし、腱は切れてないな。今縛ってやるから医者に行ってこい。こんだけのケガだと一人じゃきついから、総務に車を出させっからよ。急かして悪かったな」

前掛けを外してもらっているあいだに傷口から血が溢れ出し、ぽたぽたと床に落ちた。包帯で縛ってもらっても出血は止まらず、これは輸血が必要かもしれないと思いついた頃にはいくらか気持ちが落ち着いていた。

「二ミリ下だったら腱が切れてたね」と医者に言われたときには恐ろしさがよみがえったし、傷口に麻酔液を滴《したた》らせてから注射針で指を縦に貫く麻酔の仕方も初めてだった。それでも麻酔さえ効いてしまえば、もう怖いものはない。

病院から戻ると、私は作業場に上がって新井さんに報告した。

「今日はこのまま帰れ。明日も明後日も来ないでいいから、仕事納めの日に、昼すぎに顔を出せや」

「はい。すみませんでした」

「急かして悪かったな。気ぃつけて帰れよ」

それから四年後に、面皮を剝かせていた新人が腕を刺して、十針も縫う大ケガを負ったことがあった。しくじったのは本人だが、それをさせたのは私だった。仕事柄ケガは付きものとはいえ、その新人が元どおりに働けるようになるまで気が気ではなく、新井さんもさぞかし心配したろうと、今更ながら申し訳ないと思っている。

ナイフを握ってしまったあとはよほど気をつけていたせいか、しばらくケガをしなかった。それでもケガは避けられず、なにかの加減で左手の人差し指を切った。傷の様子から見て二針か三針は縫わなければならない。そう考えながら、私は自分があまりに冷静であるのに驚いた。

それまでは、かすり傷でも脱兎《だつと》のごとく駆け出して、作業場の隅でおそるおそる傷口を見るのが私の常だった。

「ほれ、また佐川が走ったぞ」

「まったく、気が小せえったらありゃしねえ」

そんな嘲《あざけ》りを耳に入れながらも、私は駆け出す足を止められなかった。

しかし、そのときの私は不思議なほど落ち着いていた。傷口から肉が覗き、血も流れている。痛みだって感じていたが、その痛みは可笑《おか》しなほど私を動揺させなかった。

新井さんに医者に行く旨を伝えてから休憩室で作業着を替えて、私は自転車に跨《また》がった。ペダルを漕ぎながら考えていたのは、痛みの大半は恐怖からくるのではないかということだった。指先の痛みは続いていたが、それはそれだけのものでしかなく、私に与える影響はかつてなく小さかった。

明日は一日休みをもらえるが、明後日はどうしたって働かなくてはならない。左手の人差し指だと、テコマエよりも皮剝きのほうが楽なはずだ。

麻酔を射《う》たれて、釣り針のような針で傷口を縫われているあいだも、私は針と糸が肉のあいだを通ってゆく感覚を追いながら、まるで別のことを考えていた。

私が一人前らしくなってきたのは、その頃からだったのではないかと思う。

6　様々な闘争

賃金をめぐる闘い

私が正社員になったときのところで書いたことだが、われわれ作業課員には技術手当が支給されていた。最初は一日当たり五十円。それが百円、三百円と上がり、五年目で主任に昇格して五百円になった。それから百円ずつ上がって、退職したときは七百円。月に換算すれば一万五千円ほどになり、随分ありがたかった。

屠殺という、一般には敬遠されがちな職業柄、高額の賃金を得ていると思われているようなので、参考のために手元にある一九九九年（平成十一年）一月分の給与明細をあげておく。

本給	160，260円
加給	75，199円
管理職手当	5，000円

住宅手当　3,000円
技術手当　14,700円
精皆勤手当　3,000円
交通費　16,740円
総支給額　277,899円

そこから諸々の税金を引かれて、差引支給額は256,098円である。

勤務日数は二十一日で、欠勤遅刻はゼロ。家族手当がないのは、子どもが教員である妻の扶養になっていたからだ。

四年制大学を卒業し、勤続九年目三十四歳の月給として高いと思うか安いと思うかは、読者それぞれの判断におまかせしたい。ただ、作家専業である現在の私から見ると、けっこうもらっていたんだなあと少々うらやましい気がしている。

それはともかく、会社内では給与体系は同一であるが、最終学歴で基本給に差がつくため、高卒・中卒がほとんどの作業部作業課は社内の平均よりも賃金が低かったはずである。

ところが、一部の年配の作業員にはかなり高額の賃金が支払われていた。これは会社の設立事情に関係することなのだが、大宮市営と畜場の前身は現さいたま市堀の内にあり、会社組織ではなく、作業員の組合が請負で屠畜解体をしていた。

作業工程は細かく分けられており、たとえば牛の背引きをする者はそれだけをして、他の仕事には手を出さない。つまりそれぞれが技術を独占することで仕事の特殊性を高め、お互いの利益を確保していたわけだ。

そして、堀の内の屠場が衛生上の問題から閉鎖され、現在の場所に移転するにあたり、組合を解散して新たに設立される大宮食肉荷受株式会社に組み込まれることになった。その際の条件として、組合員たちは新会社に採用される社員たちに比べて格段に高い賃金を要求し、会社側もそれを受け入れたという。つまり作業課においては、賃金が二重体系になっていたわけだ。

芝浦や横浜では、内臓業者から派遣されていたタダ働きの労働者たちによって組合が結成され、公務員化が推し進められた。しかし大宮においては、そこまで規模が大きくなかったこともあって、組合員たちの既得権のみを確保するかたちでの民間会社への移行が選択されたのだろう。

なにはともあれ、私が入社した一九九〇年当時、元組合員たちはほぼ全員が管理職にあって、主に豚の解体をしていた。ところが、その後、牛の入荷が増えてきたため、体力技術に秀でた者は牛に回り、そうでない者が豚を解体するようになった。

豚と牛、どちらもそれぞれに難しいが、牛のほうが格段に体力を消耗する。元組合員の上役たちは、長年豚の解体ばかりしていたせいで、牛のテコマエや皮剝きをこなせない人が多かった。そのくせ自分たちだけ高い給料をもらっているとあっては、揉め事が起きないほうが不思議である。そして新井さんという人は、相手が誰であれ、筋の通らないことは決して許そうとしなかった。

百歩譲って、給料が高いのは認めてやってもいい。ただし、それに見合うだけは働いてもらおうじゃねえか。技術手当だって、一日二千円以上もらってるんだから、百円の若い衆がやっているのと同じ仕事ができないとは言わせねえぞ！

私が入社したのは、そうした対立に火が点き、燃え上がろうとしていた矢先だった。豚が少ないときには、課長補佐の新井さんの命令によって、課長の三橋さんや課長補佐の坂本さんが慣れない牛に回されて、テコマエや皮剝きをやらされる。

屠殺というと、熟練労働の頂点のように思われているかもしれないが、それは少々理想化が過ぎる。ナイフを握ったことのない素人からすれば神業のように見える仕事でも、よほど不器用でないかぎり、三年もすればどうにかできるものである。なまじ腕を上げて、テコマエや皮剝きといったきつい仕事に回されるよりも、与えられたポジションをこなしているほうが楽だと開き直れば、ナイフの研ぎ方だって上達しない。三十年ナイフを研ぎ続けても、いっこうに丸っ刃が直らない人だっているのである。

実際、三橋さんや坂本さんが牛の脚取りをする様子を目の当たりにしたときは驚いた。

入社二、三年目の私と比べても手つきが怪しい。ナイフの研ぎ方もぞんざいで、これでは新井さんが怒るのも無理はないと納得がいった。もともと器用でないうえに体力にも恵まれず、とうの昔に向上心を捨てたのだろう。平社員ならそれでもいいが、高給取りの役付きがそれでは筋が通らない。

「てめえは、百円の佐川に負けるのか！」

私と三橋課長がヨーイドンで牛の脚取りを始めて、私のほうが早くきれいに取ったところで、新井さんが大声で罵《ののし》る。課長を窮地に陥れているようで気が退けたが、私だっておいそれと負けるわけにはいかない。技術と体力が全てだと思うからこそ、屠殺場で働いているのだ。

ときには連日、三橋課長と坂本さんが牛のほうに連れて来られて、大汗をかきながら皮を剝いた。すぐにナイフが切れなくなるため、三橋課長は十本近くもナイフを並べて、むやみに取りかえる。ナイフは十頭二十頭と皮を剝き、ヤスリを掛けるにつれてしだいに切れ味が増してくるもので、そんなやたらに取りかえるものではない。

「まったく又右衛門はしょうがねえなあ。見てみろ、こんなナイフじゃ指も切れやしねえよ」

荒木又右衛門よろしく、つぎつぎナイフを取りかえながらでも牛を捌いてくれればいいが、三橋課長にそんな腕があるはずもなかった。五十歳を過ぎたからだはすでに衰えていて、自業自得とはいえ、ただのさらし者でしかなく、正直見ていて気持ちのよいものではなかった。

そのうちに揺り戻しがあったのだろう。ある日の午後、病畜小屋での作業を済ませて軍手を洗っていると阿部さんに手招きされた。

「ちょっといいか」

作業場にほかに誰もいないのをたしかめてから話されたのは、坂本さんが今度課長に昇進するにあたり、社長に新井さんを作業課から外してくれと直訴したという。

「だって、新井さんがいなかったら、牛の仕事が回らないじゃないですか」

「おれもそう言ったんだけど、坂本も腹をくくったんだろ。自分と新井のどっちを取るのかって、社長に迫ったらしくて、みんな弱ってるんだわ。たしかにここんとこ、新井も容赦がなかったからなあ」

そう嘆いたあとに続いたのは、もしも坂本さんの要求が通ったら、新井さんは会社に残らないだろう、そのときは自分も、西本さん、岡田さんも一緒に辞めるつもりだという言葉だった。

「まだどうなるかわからないけど、おまえには一応教えておこうと思ってよ」

「そうですか。ありがとうございます」

と、お礼を言いながら、私はどうにかしてこの軋轢《あつれき》が無事に収まってほしいと願っていた。たしかに坂本さんのやり口はひどいが、どちらも作業課に必要な人材なのだから、なんとか妥協点を見つけてもらいたい。

さいわい新井さんは異動させられず、会社を辞めることもなかった。ただし社長から釘を刺されたらしく、それ以降、三橋課長や坂本さんが牛のほうに来ることもなくなった。

将来をめぐる闘い

三日、三ヵ月、三年とは、不意に仕事を辞めたくなる時期として、誰にとっても共通の区切りとされている。かく言う私も、懸命に屠殺の腕をみがく一方で、いったいいつまでここで働くのだろうと思い悩まない日はなかった。

誤解のないように断っておけば、私は職場が嫌だったわけでも、仕事が向いていないと思っていたわけでもない。それどころかこれ以上に激しく、愉快な職場は他にないと思っていたし、爪の一事でもわかるように、私の体質は自分でも驚くほど屠畜解体作業に適していた。

また共働きの暮らしを成り立たせるうえでも、勤務時間の短さは大きな利点だった。毎朝七時前に家を出るので、朝食の後片付けは妻にまかせていたが、買物は会社からの帰り道に私がしていた。どんなに遅くとも午後三時には家に戻れるのだから、日があるうちに洗濯物を取り込めるし、暇にまかせて夕食も作れる。火照ったからだを布団に横たえて、私は本を読み耽《ふけ》った。

　結婚七年目に子どもが生まれてからは、そこに育児が加わった。時間さえ許すならば、子育てとは文句なしに楽しいものである。出産を機に妻の実家に移り、晴れておじいちゃんおばあちゃんになった妻の両親と力を合わせて、私は家事と育児に励んだ。

　しかし私に焦りがなかったと言えば嘘になる。本当にこれでいいのだろうか。刃元から刃先まで、一度も動作を中断することなく研ぎ上げたナイフにヤスリを掛けながらも、いっこうに気持ちの定まらない自分を、私は持て余していた。

　子どもが生まれたのが三十歳のときで、今ならまだ転職が可能だと、マスコミ各社の募集要項を新聞から切り抜いたのも一度や二度ではないし、とっくに諦めたはずの司法試験の勉強を始めかけたりもした。

　悩みながらも、私は腕を上げていった。皮剝き用の変形ナイフは刃が薄く、鋼の質もさらに柔らかいので、研ぐのもヤスリを掛けるのも難しい。きちんと研げたナイフほど慎重にヤスリを掛けなければならず、わずかな狂いで棒切れ同然になってしまうのである。

　おまけに、どれほど切れるナイフでも、牛一頭を剝けば切れ味は落ちる。そのたびにヤスリを掛けて、新たに切れ味を生み出してやらなければならない。目は邪魔なので、そっぽを向き、ナイフを握る右手と、ヤスリを持つ左手から伝わる感触に向けて全身を開く。

　牛の皮を剝いているのは私であり、ナイフの切れ味の全てを感じ取ってはいるが、事実として牛と接しているのはナイフであって、私ではない。ナイフと一体になるのではなく、決して埋め切れないかすかな隔絶感を意識しながら、私は牛の皮を剝き続けた。

　始めの頃は、短くなった刺しナイフを使い、五センチに満たない幅でこわごわ皮を剝いていたのが、そのうちに十センチ、十五センチと剝く幅が広くなり、ついには皮剝き用の変形ナイフの長さいっぱいの幅で皮を剝けるようになった。一度に剝く幅が広ければそれだけ手数が減るわけで、仕事はずっと楽になる。

　その頃には、まくり側を任されて、私は逃げ屋の新井さんを追い掛けて、毎日百頭を超える牛の皮を剝いた。

　しかし私の腕が新井さんやクロさんに及ばないのもわかっていた。スピードではなく、スムーズさが違う。それは仕上がりにあらわれて、私が剝くと、皮の内側にナイフの跡が深くついたし、一度に剝く幅もいくらか狭い。どうすればあんなふうに剝けるのかと試行錯誤をくりかえしつつ、それを摑んだら、そこから先に目指すものがなくなってしまうのではないかとの不安が過ったりもした。

　そのときは不意に訪れた。ナイフを当てるとき、皮を破かないように、私はほんのわずか刃先にあそびをつくっていた。そしてナイフを引きながら、刃先が合ったところで本気の力を込める。時間にすればコンマ一秒足らずだが、そうすることで安心して右手を押し込める。

ところがそのときはよほど急いでいたのか、私は刃先にまったくあそびをつくらず、いきなりナイフに力を込めた。その途端、ナイフが腕ごと前に伸びた。足元に向かって下りるはずのナイフは、私の意思を置き去りにして、これまでにない大きさで前方の空間を切り開いた。

大変なことが起きたと感じながら、私は動きを止めずにそのまま牛を剥き切った。からだに残ったイメージを壊さないようにつぎの牛に取りかかると、ナイフは腕の長さいっぱいの弧を描いて牛の皮を剝いてゆく。

まさかこんなことが起きるとは思わず、私は呆気《あっけ》に取られていた。朧気《おぼろげ》に感じていたのは、これは道具がした動きなのだということだった。青竜刀《せいりゅうとう》のように反り身になった皮剝き用の変形ナイフは、いま私がした動きをするように形づくられているのだ。その形は幾百幾千もの職人たちの仕事の積み重ねによって生み出されたものであり、誰もが同じ軌跡を描くために努力を重ねてきたのだ。

そのときから私の皮剝きは格段にスピードが上がった。仕上がりも素晴らしく、皮にも肉にもほとんど傷がつかない。気持ちに余裕があるため、ヤスリも丁寧に掛けられて、切れ味はさらに安定した。ナイフを動かすというよりも、ナイフが動きたいようにさせてやるといった感覚で、私は自分が大きな流れの中にいると実感していた。

ちょくちょくクレームを付けてきた皮屋からも文句を言われなくなったし、阿部さんや久保田さんといったうるさ型の爺さん連中が私を見る目も違ってきた。

しかしながら、それでも私は安心しきれなかった。牛の解体作業において、いま以上の感覚には出会えないのではないか。つまり、この先に待っているのはくりかえしである。単なるくりかえしではないが、それをくりかえすことが私の一生なのだろうか。

その頃、私はすでに小説を書き出していた。もっともそれは妻や妻の両親、それに息子に向かって私の職業がいかなるものかを説明するためであって、私に作家として立とうという考えはなかった。

理由との闘い

わたしは汗かきな人間だ。

何度もくりかえして恐縮だが、私のデビュー作「生活の設計」の冒頭であるこの一文は「わたし」が屠殺場で働き出した理由として持ち出されたものである。つまり、非常な汗かきである「わたし」にとって、思う存分汗をかかせてくれる屠殺こそが天職なのではないかというわけだ。

しかし、汗かきの一事を以てこの仕事を選ぶはずがない。他にもっと重大な理由が隠されているのではないかと憶測するのが世間である。それなら共働きに便利だからというのはどうだろう。実際、共働きで子どものいる夫婦にとって、拘束時間の短さは仕事を選ぶうえで重要なポイントだからだ。ところが、それもまた世間が納得する理由としては認めてもらえないらしい。

このようにして、自分がナイフを握って働いている理由をつぎからつぎへと饒舌《じょうぜつ》に語っていくのが「生活の設計」のスタイルである。

作中で「わたし」は近所の床屋に出かけていく。初めて入る店だが、妻の父親の教え子でもあった理髪師はすでに「わたし」を知っており、しかも妻と同じ教員だと勘違いをして話を向けてくる。

それに対して「わたしは教員ではありません」と返事をして、大宮の屠殺場で働いているのだと答えた場合、相手は大いに戸惑うだろう。代々教員を務める一家の娘婿の職業としてはあまりに意外であり、そこには何か特別な理由があるはずだとの憶測を招くにちがいない。そう考えて「わたし」は不機嫌を装うことで会話を打ち切り、二度とこの床屋には来るまいと決意する。

現実の生活においても、私は屠殺場で働いている理由をたずねられたことはなかった。にもかかわらず、私は常に理由を問われているように感じていた。

たしかに、ただでさえ賤視されている仕事をあえて生業にするからには、それ相応の理由があると世間の人々が考えるのもやむをえないかもしれない。しかし、これまで書いてきたことからもわかるように、私が大宮で働くようになったのは偶然によるところが大きいのであって、それに勝る理由などなかった。

誰でも実際に働いてみればわかるように、仕事は選ぶよりも続けるほうが格段に難しい。そして続けられた理由なら私にも答えられる。屠殺が続けるに値する仕事だと信じられたからだ。ナイフの切れ味は喜びであり、私のからだを通り過ぎて、牛の上に軌跡を残す。

労働とは行為以外のなにものでもなく、共に働く者は、日々の振る舞いによってのみ相手を評価し、自分を証明する。

今でもよく覚えているが、入社から七年目の忘年会のあと、みんなで大宮のディスコに行った。生バンドの演奏に合わせて気ままに踊り、ソファーに坐ると、すぐ前にいた西本さんが話しかけてきた。

「佐川がうちの会社に入って来たときにさあ、新井さんもおれも、ちょっと見に来たんだろうって思ったんだよ。ここにいるのはせいぜい二、三ヵ月だって。これまでにもそんなヤツがいたし。でも、そうしたら、いつまでたっても辞めないし、よく働くだろう。おまけに腕も上がってさ、おれも抜かれちゃったしよお」

大音量の中でも西本さんの声ははっきり聞き取れて、私は感謝の気持ちでいっぱいだった。新井さんも西本さんも、ど素人の私に手加減抜きに仕事を教えてくれて、私もよく応えたとは思うが、二人がそんなふうに思っている素振りは一度も見せたことがなかった。なにより七年ものあいだ、どうしてここに来たのかといった理由を一度も問うことなく付き合い続けてくれたありがたさに、危うく涙がこぼれかけた。

新井さんにしても、西本さんにしても、どこに行っても一人前以上に働けるはずなのだから、大宮食肉にいるのは、私と同じく、ただここが気に入っているからなのだろう。腕前についての評価も正確で、西本さんの皮剝きは刃先のあそびが大きく、その分、剝ける幅が狭くなってしまう。だが腕の差など問題ではない。器量の大きさでは、私は西本さんの足元にも及ばないとわかっていた。

そのあとに西本さんと一緒にフロアに出ると、さっきまで私と踊っていた女の子が友達を連れてやって来た。とても可愛らしい娘で、今度は二対二で踊り、チークまで踊ったところで別れてソファーに戻ると、西本さんがあれは絶対佐川に気があるぞと囃《はや》し立てた。

「かあちゃんには黙っててやるから、連れてっちゃえよ」

と肘《ひじ》で突かれて、私は少し前に新井さんにからかわれたことを思い出した。

病畜小屋での雑談で、なにかの弾《はず》みで、佐川はどうせ女相手にも真面目だからという話になった。

「おまえみたいなヤツはなあ、なんかの加減でねえちゃんとホテルに入っても、すぐにやっちまわねえで、ぼくたちはどうしてここにいるのかなんてことを話し出すんだよ」

身におぼえはないものの、あまりに的確な指摘を受けて、私は自分の顔が赤くなったのがわかった。一緒にいた阿部さんはもちろん、獣医の先生にまで爆笑されて、恥ずかしいのと同時に、ここまで性格を見抜いたうえで付き合ってくれているのかと、私は言うに言われぬ幸せを感じていた。

その話をすると、西本さんも手を叩いて笑い、その後は女の子も姿を見せなかったので、私は何事もなく妻と子どもの待つ家に帰った。

偏見との闘い

今更断ることでもない気がするが、私は被差別部落の出身ではない。正確には、私が知るかぎりと但し書きをつけるべきだが、いずれにしても私は自分の身辺にあった職業として屠殺を選んだのではなかった。

私の学生時代には阿部謹也や網野善彦を旗頭とする「社会史」が一世を風靡《ふうび》しており、

私もかれらの著作を読んでいた。米作農業の発展を社会の中心に置く従来の史観に対して、非農業民の土地に縛られない交流こそが社会にダイナミズムを与えてきたとする構想は魅力的だった。また中央権力の及ばない領域としてのアジールを積極的に評価する視点にも、大いに啓発された（社会史研究者の中で、私は良知力《らちちから》が大好きだった）。

したがって、屠殺場で働くという私の選択は、自分を権力から能《あた》うかぎり遠ざけようとする意図によるものであると解釈することができるのかもしれない。さらに、あえて我が身を「穢れ」の中に浸し込み、そこをくぐり抜けることで「聖」へと至ろうとしていたのかもしれない。

しかし、これまで書いてきたことからも明らかなように、屠殺場とは日々搬入されてくる牛や豚を解体する場所である。そこで働くわれわれに求められるのは、体調を整えて苛酷な労働に耐えることと、先輩から受け継いだ技術を後輩へ伝えていくことである。具体的には、手を抜かずにナイフを研いで、大怪我をすることなく解体作業を行ない、家に帰ったあとは明日に備えて早くに眠る。

われわれにとってはナイフの切れ味が全てであり、切れ味を保つためにいかにしてヤスリを掛けるのかの一点に心血が注がれた。

そうは言っても、毎日百頭を超える牛を枝肉へと変えてゆく作業は、独特の負担を心身に与えて、気持ちが弱ったときには無残な想像を呼び起こした。

結婚から四年が過ぎても、われわれ夫婦には子どもができなかった。そして近所の産婦人科医院で受けた検査の結果、私が精子減少症（乏《ぼう》精子症）であることが判明した。ただし精子自体に問題はなく、採取した精液を、妻の排卵日に合わせて子宮内に注入してやれば妊娠するという。成功の確率は三割で、これは通常の性交による妊娠とほぼ同じ確率である。人工授精と名乗るのも申し訳ないほど簡単な治療だが、二年近く続けても妻は妊娠しなかった。

屠殺場で働いているせいで、こんなことになったのではないか。

精子減少症と診断されたときから、私は疑いに捉《とら》われていた。完璧な偏見であり、おれはその程度の人間ではないはずだといくら言い聞かせても，疑念が収まってくれないのである。それどころか、一時は作業場で見るもの、触るものの全てが不妊に関係しているように思われてならなかった。

ホルスタインは、子牛を胎《はら》んだまま出荷される場合がかなりあった。子宮に包まれた胎子は内臓と一緒に取り出されて、廃棄されるのだが、中には生まれる寸前まで育っている子牛もいて、ぬめりのある脚を引いてダストシュートの穴に捨てなければならない。また発育が見込めずに連れて来られる子牛もいた。病畜小屋の滑りやすい床の上で、細い脚で幼いからだを支えている子牛を叩くのは、正直気持ちのいいものではなかった。

妻が妊娠したあとも、もしも子どもに障害があったらとの不安が、くりかえし私を襲った。妻に向かってさえ一度も口に出さなかったし、そんなことがあるはずがないと思ってもいたが、万一の場合に屠殺と子どもの障害を結びつけない自信はなかった。子どもは無事に生まれて、おかげで私はそれ以上偏見を引きずらずに済んだ。しかしながら、そのときの苦しさと情けなさは今だに胸の中に残っている。

7 牛との別れ

O-157の衝撃

一九九六年に、病原性大腸菌O-157による食中毒被害が全国各地で相ついだ。とくに大阪府堺市では小学校の給食がO-157に汚染されたこともあって、児童から家族へと感染が広がり、一万人を超える患者が発生した。

その際、食中毒の原因であると名指しされた〝かいわれ大根〟は大量に売れ残り、厚生大臣だった菅直人がテレビカメラの前で〝かいわれ大根〟のサラダを頬張ってみせても、消費者の疑念は晴れなかった。

O-157は、自然界では牛、羊、鹿などの反芻《はんすう》動物の体内にのみ存在する。その中で最も頭数が多く、人間のそばにいるのは牛である。だから、問題の農家が引いていた用水の上流にでも牛小屋があって、そこから下水と共に流れ出たO－157が〝かいわれ大根〟に付着したのだろうという話を、私はかなり早い段階で阿部さんや新井さんから聞いていた。しかし、いつまでたっても、O－157牛原因説が新聞やテレビで報じられることはなかった。

それはともかく、O－157による食中毒が起きたあとも、私はそれがきっかけとなってわれわれの職場が決定的に変えられることになるとは思ってもみなかった。

どこの屠場でもそうだろうが、大宮でも年に一回衛生講習会が開催された。検査員である獣医師たちが作業場の衛生を保つために、われわれ作業員を相手にレクチャーしてくれる。

お決まりの手洗い指導と健康管理に始まって、牛や豚の生態について教えてくれるのだが、なかなかためになるので、私は毎回楽しみにしていた。中でも、草しか食べない牛や馬がどうしてあれほど大きな体格になれるのかについての説明には感嘆した。

牛や馬は草の栄養で成長しているわけではない。草は、牛や馬の体内に生息しているバクテリアを繁殖させるための媒体にすぎないのであって、反芻されるうちに発酵が進んだ草を養分にバクテリアが爆発的に増殖する。そのバクテリア＝動物性タンパク質を消化吸収することで牛や馬は大量の栄養を得ているのだという。

目から鱗が落ちるとはこのことで、私は長年の疑問にようやく解決を得て満足だった。

そして、O－157による食中毒事件のあとにも、緊急の衛生講習会が開かれたが、そこで一番の問題として槍玉《やりだま》に挙げられたのは牛の汚さだった。酪農家の中には、糞尿まみれの牛を平気で出荷してくる者たちがいたからだ。

よほどぞんざいに飼っているらしく、藁屑《わらくず》と糞尿が混じり合ってカチカチの真っ黒な固まりになり、それが牛の腹一面を覆っている。「鎧《よろい》」と呼ばれる状態で、汚いのはもちろん、皮がたわまないので剝きづらくて仕方がない。誤って、「鎧」にナイフを当てれば刃が潰れてしまうのも悩みの種だった。これまでも、あまりに汚れがひどい牛は検査員の判断で搬入を断っていたが、これからは基準を厳格にして指導を徹底するという。

もう一つは夏場の病畜だった。痩せ衰えた牝牛から、これでもかと乳を搾っているせいだろう。七月半ばを過ぎると、暑さに負けて半死半生になったホルスタインが毎日十頭近く運ばれてくる。もともとの飼い方がひどいところに、倒れてもすぐには連れてこないので、床ずれを起こした部分が化膿する。腐乱した肉に蛆が湧いているときもあって、物凄い臭いが鼻を突く。

病畜小屋は狭いうえに器械の設備もなく、一頭ずつナイフだけで解体していく。新人の練習にはぴったりだが、つぎからつぎへと牛を押し込まれては、前の牛を廃棄するのさえ間に合わず、床は傷んだ内臓や肉塊で埋め尽くされる。それこそ「屠殺場のような」と形容したくなるありさまで、剝いている自分と、剝かれている牛とがいっしょくたになって、猛烈な怒りが湧き起こる。

荷主に向かって、少しは芝浦に持っていけよと文句を言っても、芝浦ではこんな牛は受け付けてくれないという。

O－157は体調を崩した牛から他の牛に広がるため、検査員のほうでもなんとかしなければと思ってきたが、これまでは酪農家の飼育状況にまで踏み込んでの指導はできなかった。しかしO－157の予防という名目があれば、今後は改善を促していける。

怪我の功名とはまさにこのことだと、私は単純に喜んでいたが、検査員が求めてきた「改善」はそれだけにとどまらなかった。

O－157による集団食中毒は、一九八二年に世界で初めてアメリカで発生した。ハンバーガー用のミンチ肉の中で大腸菌ウィルスが増殖したため被害は大きく、その後に世界各地で同様の食中毒被害が報告された。欧米各国では即刻対策がとられて、牛の解体作業は原則オンラインとし、衛生管理の徹底が計られた。日本でも、芝浦屠場では、すでに対策が進められていた。そこで、大宮においてもできるだけ早く作業方法の改善に取り組んでもらいたいというのが、検査員の要望だった。

具体的には、解体の途中で牛の喉と直腸を縛り、O－157を含んでいる可能性のある腸内の内容物が外に出ないようにしてほしい。またナイフを一頭ごとに熱湯消毒し、軍手を使う場合はその上からゴム手袋をすること。そしてこれが一番大切なのだが、牛から牛へのウイルスの感染を防ぐために、解体途中の牛同士を接触させないようにしてもらいたい。

検査員からの要望が出揃ったとき、もしもこの通りにしたら、これまでのようには働けなくなると、私は直感した。喉と直腸を縛ったり、一頭ごとにナイフを消毒するのは、手間ではあってもいずれ慣れるだろう。問題なのは、牛と牛をくっつけるなという制約で、これを飲んだら、大宮が大宮でなくなってしまう。

わずか十五、六人で最大百五十頭の牛を仕上げるためには、持ち場に捉われない作業員の移動が不可欠だった。エアナイフをしながらテコマエを手伝えるのは、そこに四頭五頭と牛を溜めておけるからで、そのとき吊り下げられた牛同士は当然のごとく皮と皮を擦り合わせている。それをダメだと言われたら、エアナイフから先の人間はそれぞれの持ち場に付いたきりになり、テコマエと皮剝きだけが平場に残される。

作業のペースは遅くなり、つまり「とっとと終わらせて、帰《けえ》る」ことができなくなる。士気は覿面《てきめん》に落ちるだろうし、そうした緩慢な流れの中で皮を剝いていくには考え方を根本から変える必要がある。しかも、いずれは大宮もオンラインにせざるを得ないとのことで、私は職場の将来を悲観した。

また別の意味できつかったのが冷蔵庫だった。豚は解体したあと、その日の午後にセりにかけて出荷する。それに対して、牛は枝肉の状態で一晩冷やす。こうしないと肉が締まらず、肉の色も安定しないので、肉の等級を正しく判定できない。

O－157の発生後に、枝肉が並んだ冷蔵庫に入って、脚の付け根や脚の先にけばが残っていないかどうかをチェックすることになったのだが、これが本当につらかった。ついさっきまで大汗をかいていたからだにドカジャンを一枚羽織っただけで、氷点下の冷蔵庫に入らなければならないのである。

この仕事は主任以上に割り当てられて、私は新井さんと組むことが多かった。二人で百頭を超える牛をチェックするにはどんなに頑張っても二十分はかかり、からだが芯まで冷えてしまう。最後は風呂に入って温まれるが、暑さと寒さに交互に苦しめられる無理は疲労となってからだに溜る。しかし四十五歳を過ぎた新井さんが耐えているのに、三十歳を過ぎたばかりの私が文句を言うわけにもいかず、私は寒さに震えながらけばを取った。

「生活の設計」が誕生するまで

くりかえしになるが、私が大宮食肉荷受株式会社に入社したのは、そこで働いて賃金を得るためであり、屠殺場を舞台にした小説やルポルタージュを書くためではなかった。暇にまかせて読書はしていたし、なにかの参考にと、その日に解体した牛豚の頭数や日々の感想をノートに書いたりもしたが、半年も続かなかったのではないかと思う。

小説を書き出したのも、結婚四年目に不妊症であるとわかったのがきっかけだった。毎月の排卵日に合わせて、私が排出した精液を妻の子宮内に送ってやるだけの単純な治療でも、二年近くも続けばつらさがつのる。なにより、自らに訪れる生理によって人工授精の失敗を知らされる妻の悲しみを見るにつけ、私は慰めようのなさに途方に暮れた。人生におけるたいていの困難は自力で乗り切れる自信があったが、今度ばかりは諦めるしかないらしい。だからといって、われわれ夫婦の関係が終わるわけではないし、子どもを育てたいなら養子をもらう方向で考えてもいいだろう。

そうした気持ちを妻に伝える手段として、私は小説を書こうと思いついた。もとより発表の意図はなく、妻と妻の両親に読んでもらえれば十分だと思っていた。そのうちに妻は妊娠し、結婚七年目にしてようやく子どもを授かったが、私は小説を書き続けた。

いつしか小説は二本立てになった。不妊症に悩む夫婦を描いた「ジャムの空壜」と、屠殺場で働く理由を語る「生活の設計」である。この二作を、どうにかして読めるものにしたいと本気で願うようになったのは三十二、三歳の頃だった。

私は転職への期待をようやく捨てようとしていた。年齢も上がり、現実的に転職が不可能になってきたこと。係長への昇進が近づき、職場に後輩も増えて、かれらの面倒を見る責任が生まれたこと。なにより共働きで子どもを育てるうえでは、今の暮らしを維持するのが最適であることなどを考え合わせて、私は屠殺が自分の一生の仕事であることを受け入れようとしていた。

牛の皮剝きに不足を感じていたのではない。屠殺は、先人たちによって培われてきた技術の結晶であり、新井さんをはじめとする作業課の先輩たちが私を一人前に育てるために注いでくれた労力を思えば、おいそれと転職できるはずがなかった。私は人生が決まってしまうのを恐れているのであり、もう三、四年すればすっかり腰が落ち着くはずだ。あれやこれやの理屈で自分を説得しながらも、私は最後の抵抗をしていた。

そうした見苦しさは、小説にもあらわれていたにちがいない。「生活の設計」も「ジャムの空壜」も文芸誌が主催している新人賞の二次選考に残るのが精一杯で、最終候補作として選考委員である作家や批評家たちに読まれるまでには至らなかった。

それがどうして、あるとき壁を越えたのか。辻褄《つじつま》を合わせすぎだと言われるかもしれないが、屠殺を続けるのが自分の人生なのだと納得したことによって、「生活の設計」は初めて読むに足るものになったのではないかと私は思っている。

新潮新人賞を受賞したあとも、私は大宮食肉で働き続けるつもりだったし、そうして暮らしながら生涯に十作ほどの小説が書ければいいと思っていた。

しかし、その思惑は呆気《あっけ》なく断ち切られた。「生活の設計」が好評によって迎えられたことで、なにかが吹っ切れたのだろう。受賞後第一作として発表するべく「ジャムの空壜」を書き直していると、ここはいらない、ここもいらないと判断が的確に働いて、小説がみるみる仕上がっていく。妻と共に不妊治療に苦しんでいた頃の気持ちが、過不足のない文章となってあらわれて、これが小説を書くということなのかと、私は感激に震えた。

しばらくは二足の草鞋《わらじ》を履いて、「小説一本でやっていけるようになったので辞めます」ではあまりに失礼だろう。それならまずは会社を辞めて、やるだけやった末に、やはり作家では食えませんでしたと頭を下げて戻らせてもらうほうが、まだいくらか筋が通っている。

そう腹を括って退社を決めたのは、二〇〇〇年の暮れから二〇〇一年の年明けにかけてのことだった。会社の了承を取り付けてから後輩たちに伝えると、「早く食えなくなってください」と冗談とも本気ともつかない励ましをくれて、私は苦笑いを返すのが精一杯だった。

妻に伝えたのは、その少し前だった。ところが、屠殺場で働くときにも反対しなかった妻が、思いがけず表情を曇らせた。小説家という、経済的にも、精神的にも不安定な職業に就くのは反対なのかと思ってそうたずねると、そんなことはないと妻は首を横に振った。

しかし困り果てた顔は晴れないままで、それならなにが心配なのかと考えるうちに、私はようやく合点がいった。

「大丈夫だよ。家事は今まで通りにやるから」

するとは妻とたんに安心した顔になった。

「ごめんね。ほら、お金はどうにかなると思うんだけど、毎晩出歩いて、うちにいないようになっちゃったら、晩ご飯をどうしようって、そればっかり気になってたんだけど、まさか自分からは訊けないでしょ。じゃあ、がんばっていい小説を書いてね」

拍子抜けするほどあっさり転職が認められて、これで本当に牛との縁が切れてしまうのかと、その晩、私はくりかえし縫いあとだらけの両手を眺めた。

退社

ここで時間を少し戻そう。

私が受賞した新潮新人賞は応募の締切が三月末日だった。その後に一次選考、二次選考を経て、最終候補作が選ばれる。これまでは二次選考通過が最高であり、私は妻にも新人賞への応募について話していなかった。

「新潮」の編集者から、最終選考に残った旨の電話をもらったのは七月初めだったと思う。妻が受話器を取り、事情がわからないまま私に代わった。そのときのうれしさは、今でもありありとおぼえている。選考委員に原稿を送るまでまだ日にちがあるので、それまでのあいだに手を入れてよりよい作品にしてもらいたい。なにより一度お会いしたいので、都合のいい日時を知らせてほしい。

編集者からの電話をおくと、私は妻にことの次第を告げた。その年の新潮新人賞の選者は李恢成・別役実・佐伯一麦・小川洋子・福田和也という面々で、活字でしか知らないかれらが、実際に私の小説を読むのだと思うと、興奮で胸が震えた。

しかしそれと同時に、私は困ったことになったと思ってもいた。「生活の設計」は大宮食肉を舞台にしている。適宜配慮はしているが、読む人が読めば、これは誰のことを書いているのかがわかってしまう。なにより新井さんや西本さんから、結局佐川は小説を書くためにうちで働いていたのかと思われるのが嫌だった。

これまでの仕事ぶりからすれば、そんなつもりでないことは明らかだし、なにより小説を読んでくれればそうした誤解は起こりようがない。ただし、わざわざ私が書いた小説を読む義務がないのもたしかであって、私は入社面接の帰りに新井さんから怒鳴られたことを思い出した。

「ここは、おめえみたいなヤツの来るところじゃねえ」

あの日以来十年の歳月をかけて、私は自分が新井さんの思うような「おめえみたいなヤツ」でないことを証明し続けてきたつもりだった。そして「生活の設計」という小説は、まさにそうした努力の延長線上に生まれたものだが、「そんなこたぁ、おれの知ったこっちゃねえ」と突き放す態度こそ、新井さんに相応《ふさわ》しい気もする。それなら私は受賞と引き換えに大宮で働けなくなってしまうのだろうか。

受賞が決まったわけでもないのに、胸算用して気に病んでも仕方がないと思いつつ、私は落ち着かない日々を過ごした。

O－157の発生以降、ウイルスの感染を防ぐための設備がつぎつぎに導入された。しかし三橋課長では事務能力が追い付かず、書類の作成でミスがあいついだ。これ以上は務まらないと判断したのだろう。三橋課長は自ら申し出て、同じ敷地内にある大宮臓器へと転職した。それにともない坂本さんと新井さんが課長に昇進したが、間もなく坂本さんは持病の糖尿を悪化させて退職を余儀なくされた。また常務と次長もそれぞれ定年を迎え、課長以上の管理職が不在となったため、営業部の武藤課長が作業部の部長に就任した。

デスクワークしかしたことのない武藤部長がナイフを持って豚の解体作業に懸命に取り組む姿は好感が持てたが、もとより作業課を牽引するだけの力量はない。堀の内の屠場を知る人は、定年後に嘱託社員として残っている阿部さんだけとなり、私が入社した十年前とはすっかり様相が変わってしまった。

古い人たちは身ごなしに颯爽《さっそう》としたところがあったし、会話の端々にもからだ一つで世の中を渡ってきた者の迫力が感じられた。しかし、私と同年輩の作業員は一言でいえば危機感が足りなかった。たいした腕前でないのに、こんなオレでもいないよりはマシだろうと高を括っている雰囲気があって、ときに信じられないようなミスをしでかす。

頭を抱えた新井さんが阿部さんにグチをこぼし、それが私に伝えられることもあって、苦労が絶えないのもわかっていた。ただでさえまいっているところに、佐川がここの仕事をネタにした小説を書いたらしいと噂が伝わったら、どんな怒りが炸裂するかわからない。

選考会は九月四日木曜日だった。前日の水曜日に親戚の通夜があり、木曜日の葬儀にも出席して、家に戻って間もなく受賞の知らせが届いた。金曜日も休みを取っていたので、私は週末のあいだゆっくり喜びに浸りながらも、どうやって新井さんに切り出したものかと頭を悩ませた。

芥川賞と違い、速報でのニュースにはならないが、いずれ新聞の片隅に記事が出るだろう。そして来月には「生活の設計」が受賞作として「新潮」に掲載される。雑誌が発売される十月七日までには、どうにかして打ち明けなければならない。

そんな心配を抱えながら五日ぶりに出社すると、みんなの雰囲気がどこかおかしい。ナイフを研いでいるときに新井さんが会社を辞めたと聞いて、私はすぐには信じられなかった。

詳しい経緯はわからないが、先週の半ばに会社の上層部と激しくやり合ったらしく、木曜日に辞表を提出して、金曜日の朝に退職の挨拶があったという。

あれこれ悩む間もなく銃声が響いて、一頭目の牛が吊り上げられた。受賞の喜びも、どうやって打ち明けるかの迷いも吹き飛び、とにかくケガをしないことだけを考えて、私は牛の皮を剝いた。

九月といえば牛が増えてくる矢先で、連休もあるため一日の頭数は百二十頭に迫る。そして、そのまま連日百五十頭の牛をつぶす年末へと突入していくわけで、新井さん抜きでできるだろうかと先が思いやられた。

十月半ばに授賞式が催されて、私は選考委員をはじめとするたくさんの人たちから祝福を受けた。なにより大宮で牛を相手に働いてきた十年間が間違いではなかったと示せた喜びで、私の胸はいっぱいだった。それと同時に、この先どうすべきなのかという問いが、私の前に大きく立ちはだかっていた。

まずは年を越そう。それだけを考えて、私はひたすら牛の皮を剝いた。これまでは新井さんに続く二番手として頑張っていればよかったが、自分の代わりはいないと思うと心身にかかる負担は桁違いだった。和牛も、馬も、種牛も、肝心な仕事は全て私に回ってくる。そして全部を片付けたあとに、冷蔵庫に入ってけばを取る。

「ジャムの空壜」を書き直すだけでなく、エッセイの依頼もあり、私は毎晩子どもを寝かせたあとにワープロに向かった。腫《は》れた指先でキーを叩くのが辛かったが、なにかの加減でスイッチが入ると、疲れを忘れて二時間三時間と書き続けてしまう。もちろんツケはきちんとあって、翌日は仕事の途中で汗が止まり、からだが思うように動かない。

縫うほどではない細かなケガも多く、栄養ドリンクが欠かせなくなった。綱渡りをしているような毎日で、これではもう保たないと、成人の日の休み明けに武藤部長に退社の意志を告げた。

二、三日考えさせてほしいと言われて、その言葉通り、武藤部長は本気で考えてくれたのだろう。約束の三日後に、「これまで、よく働いてくれたな」と感謝されて、私は「すみません」と頭を下げた。

その後の三週間はほとんど休まずに出社して、私は後輩たちに知っているかぎりの技術と知識を伝えた。話を聞いただけでできるようになるはずもないが、聞かないよりはいいだろう。もはや、あれこれ説教をたれてくれる年寄り連中もいないのである。

最後の仕事が済んだあとに、ナイフもヤスリも全て譲って、私は十年半勤めた大宮食肉に別れを告げた。

8　そして屠殺はつづく

早いもので、私が大宮食肉を辞めてから丸八年が過ぎた。

長川さんや三橋課長をはじめ亡くなった人も多く、あらためて月日がたったのだと思い知らされている。

二〇〇一年五月のさいたま市誕生にともない、社名は「さいたま食肉市場株式会社」に、作業部も「業務部」へと名称が変更された（私が退社してわずか三ヵ月後だ！）。

私が働いていた頃は、埼京線の電車の窓から作業場が覗けたし、牛や豚を搬入する様子も丸見えだった。二階の繋留場へ登って行く途中で牛が逃げ出して、取り押さえようと荷主が右往左往する姿も電車から見えていたはずである。

それが今では建物は銀色の外壁に覆われて、トラックから牛や豚を降ろすところさえ外から見られないようになっている。会社の敷地に入っても、糞尿の臭いもしなければ牛や豚の啼き声も聞こえず、これはこれでなかなか恐ろしいことである。もっとも、そうした遮蔽《しゃへい》を当て込んで、会社の周辺には矢継ぎ早に最新式の高層マンションが建設された。

ときどき総務部に、高層マンションの住人から、洗濯物に臭いがついたと苦情の電話がかかるというが、ことさら隠すから余計につけあがるのだ。「いのち」などという目に見えないものについてあれこれ語るよりも、牛豚の臭いや啼き声といった、現実に外にはみ出してしまうものをはみ出させたままにしておくことのほうがよほど大切ではないかと、私は思っている。


現在の芝浦屠場が完成したのが一九八五年、オンライン化されて二十四年が過ぎ、ナイフ一本で丸一日働いた経験を持つ作業員はそう多くないはずである。その点、大宮は幸か不幸か機械化が遅れたおかげで、一九九〇年に入社した私でもナイフについて一丁前の講釈をたれることができるまでに鍛えられた。

物書きになってから、全芝浦屠場労組の人と話をしたことがあるのだが、「佐川さんの話を聞いていると七十、八十の爺さんと話をしてるみたいな気がする」と言われた。私の小説もよく古くさいと指摘を受けることがあって、道具をナイフからペンに持ちかえても、性根は変わらないようである。

病原性大腸菌O－157に続いて「狂牛病」が発生し、大宮でも二〇〇六年に牛の作業がオンライン化された。トウを刺すと脊髄が拡散するとの理屈から、反射運動が残ったままの牛を剝かなければならず、作業員はかえって危険にさらされている。また検査員も「食の安全」を守るために必要性の定かでない煩雑な検査に追われている。

牛も豚も入荷する頭数は減っているのに、仕事は毎日夕方までかかる。もはや汗もかけず、それぞれの持ち場を守って、牛が送られてくるのをじっと待っているという。ナイフも三日に一度研げば十分だし、ヤスリ掛けに神経をすり減らすこともない。ケガさえ滅多にしないそうである。

だからといって、昔は良かったと嘆くつもりはさらさらない。いつだって人は、与えられた環境の中で、自分なりのこだわりを見つけながら働いていくしかないのだ。

私が牛の皮剝きを会得しつつあったときのことだが、その日はよほど調子が良かったようで、ナイフが猛烈に切れた。体調も申し分なくて、逃げ屋の新井さんを煽《あお》らないように、皮を剝くスピードを控えるほど余裕があった。

反対に新井さんは悪戦苦闘していた。慢性の腰痛に加えてナイフの切れ味も悪く、苛立ちから皮を大きく破いたりする。おまけにテコマエが遅いために、脚取りや肩剝きまで手伝わなくてはならない。

あまりにつらそうなので、私は新井さんを追い越して、テコマエが降ろしたばかりの牛について前脚を取り出した。自分の優位を示すためではなく、手助けのつもりでしたことだったが、それが新井さんの怒りに火を点けた。私を突き飛ばして前脚を取ると、新井さんはさっきまでとは見違えるような速さで皮を剝き出した。切れ味が悪いままのナイフを力まかせに押し込んで、恐ろしい形相で腕を振り回す。

プライドなどという安っぽい言葉を木っ端微塵《こっぱみじん》に吹き飛ばす力業に、私は圧倒された。もっとも新井さんも、少しは私の腕を認めてくれたのだろう。牛が残り三頭になったところで、

「佐川、これを使ってみろや」と一本のナイフを渡された。

それは先端がしゃもじのように広がった変形ナイフで、刃が薄いわりに重みがあった。

「こいつは牛を全剝きにしてた頃のナイフでよお。おもしれえから、使ってみ」

言われるままに牛の皮を剝きにかかると、切れ味の深さがまるで違う。ナイフの芯から切れ味が出てきて、胴まわりの曲面をこれまでにないなめらかさで滑っていく。

「切れるだろう。そいつは一本一本、職人の手で焼きを入れたナイフだから、鋼が全然違うんだよな。けっこうな数を持ってたんだけど、そいつが最後だ」

私も、自分のナイフから最大限の切れ味を引き出しているつもりだったが、どうやっても職人が手で打ったナイフには敵わなかった。先端のしゃもじ型も効果的で、刃先の面積が広いほうが手首の動きに乗せて皮をさらに大きく剝いていける。

「ほい、よこせ」

そう言うが早いか、新井さんは私からしゃもじ型ナイフを取り上げた。そして自分のナイフケースに納めると、二度と貸してやるものかというように、そのまま病畜小屋に行ってしまった。

以来、どんなに切れるナイフで皮を剝いても、あのしゃもじ型ナイフには及ばないとの気持ちが残って、実に悔しかった。

しかし現実に、職人が一本ずつ作ったしゃもじ型ナイフが手に入らない以上、会社から支給される一本三千五百円の機械打ちのナイフから最高の切れ味を引き出すまでである。それが私にとっての屠殺であって、昔を羨《うらや》んでみても仕方がない。新井さんだって、いつもは機械打ちのナイフを使っているのである。そう自分に言い聞かせて、私はその後も牛の皮を剝き続けた。

屠殺において、さらなる機械化が進むのかどうか、私は知らない。すでに作業員が技量を発揮する範囲はごく限られていて、どこの屠場でも、ナイフだけで牛一頭を解体する機会は滅多にないのではないだろうか。今の日本に、三人がかりで二十頭の牛を解体する技術と体力を持った人間がどれだけいるだろう。

それでも温かみの残る柔らかな肉に直《じか》に触れるなら、それが屠殺なのだと私は思う。エアナイフにはエアナイフの、フットカッターにはフットカッターの切れ味と手応えがあり、どんなに機械化が進もうとも、屠殺が屠殺であることに変わりはない。

屠殺は素晴らしい仕事である。しかし危険であり、長い修練と覚悟を必要とする。もしこの本を読んで、ナイフを持ちたいと思う人がいたら、私は考え直せるなら考え直せと言いたい。しかし、いくら考えてもなおナイフを持ちたいというなら、そこから先は自分でどうぞと引き下がるまでである。

単行本あとがき

本書は、解放出版社の多井みゆきさんの勧めによって生まれた。編集の川田恭子さんとの二人を相手に、大宮での仕事について幾夜も話すうちに、私はしばらく忘れていたたくさんのことを思い出した。

本書に登場した人たちは、私を除いて全て仮名とした。名前はともかく、なかなか見応えのある面がまえをした方々で、親睦会の旅行先で撮った写真も載せたかったのだが、プライバシーへの配慮から諦めざるを得なかった。

大宮で共に働いた作業課の面々と、今も働く者たちに、あらためて感謝したい。

二〇〇九年六月

佐川光晴

文庫版オリジナル対談

佐川光晴×平松洋子
働くことの意味、そして輝かしさ

平松洋子（ひらまつ ようこ）
1958年岡山県生まれ。東京女子大学文理学部社会学科卒業。食文化を中心に執筆活動をおこなう。2006年『買えない味』で、山田詠美氏の選考により第16回Bunkamuraドゥマゴ文学賞を受賞。12年『野蛮な読書』で第28回講談社エッセイ賞を受賞。他の著書に『サンドウィッチは銀座で』『ひさしぶりの海苔弁』『本の花』など。

堂々とした佇まい

佐川 今回、こうして平松さんとお話しさせていただくことになったのは、平松さんが朝日新聞の書評に本書を取り上げてくださったからなのですが……。

平松 はい。これは絶対に私が書きたい！ と奪うようにして選びました。

佐川 うれしかったです。ありがとうございました。

平松 とんでもない。何度か読み直しましたが、やはり本当に素晴らしくて。

佐川 ヒヒヒッ（笑）。

平松 その笑いは……（笑）。

佐川 「どうだ！」と威張るわけにもいきませんから、困ったなあと思いまして。

平松 「どうだ！」と言ってください（笑）。

佐川 牛を解体する腕前は素直に誇れるのですが、文章についてはなんと言っていいのやら。

平松 初めて読んだ時、私がとても感動し、心打たれたのが、序文のなかの「私は再び牛のことを語れる喜びで胸がいっぱいになった」という一文でした。大宮の屠畜場で働く十年間に生まれた牛との関係が、すごくうれしいもの、大事なものとして佐川さんの中にある。それが素晴らしいと思えたのです。

佐川 屠殺と言うと、被差別部落についての話であるとか、命の重さが云々《うんぬん》という話になりがちですが、実際に従事した者として、仕事としてはどういうものだったのかということを——そこでどんな人たちが働いているのか、そして僕自身がどんなふうに変わっていったのかを語れたのは、自分にとっても良いことでした。

平松 作家としてのデビュー作となった小説『生活の設計』は、仕事を始めて六年目ぐらいの頃のお気持ちをベースにされたのですよね？

佐川 はい、そうです。それに対して、ノンフィクションとして書いた『牛を屠る』は十年間働いて、そこで身に着けた技量を臆面もなく語っています。「おれは十年でこのくらいできるようになったぞ、どうだ」という気持ち——それは野球選手がホームランをかっ飛ばした時に感じる気持ち良さに近いと思うのですが——、最初のうちは単なる足手まといだったのが、自分が研いだ包丁でどうにか牛の皮を剝けるようになった。だんだん「ちったあ、アイツもやるもんだ」という目で見られるようになってきて、やがてナイフを本当の意味で使えるようになったあの経緯、あのうれしさはやはり他には無い。

平松 『生活の設計』はある種の初々しさが魅力だと思うのですが、『牛を屠る』の方は、それこそ文章全体に「どうだ！」という誇りが感じられます。構えができていると言えばいいでしょうか。それは作品としてとか作家としてではなく、一切を超えたところでの堂々とした佇まいがある。我が身体の中にあるものが言葉になっているのだという確信のようなものが、書き手に宿っているのを感じます。

佐川　大宮食肉に入った時、僕は「ここは相当いい職場だ」と感じました。入社面接のあとに、いきなり「ここは、おめえみたいなヤツの来るところじゃねえ」と僕を怒鳴りつけた新井さんのような先輩や同僚がいるということを含めて、いい場所に来たと思った。だから、「ここで認められる人間になりたい」という一心で働いていました。そうであるがゆえに、楽しかったのだと思います。他のみんなもそうで、ほとんどの職人が何度も転職しながら大宮食肉にたどりついた。そして、この仕事は面白いと思った。「周りからどう見られているのかは知らないけれど、おれにとっちゃあ、こ

佐川光晴氏

こは面白い場所なんだ」という人たちが集まって一所懸命働いている雰囲気は、今思い出してもたまらないですね。

開かれたドア

平松　佐川さんは、屠殺という仕事を選んだのは単なる偶然であると強調されていますが、この仕事場は自分を大きく成長させてくれるものだという直感が働いたから就職し、長く続けることになったという側面はありませんか？

佐川　それはどうかなあ。自分では、あくまでも偶然の産物であるという意識が強いです。ただ、ある種の衝動があったのは間違いありません。

『おれのおばさん』（二〇一〇年刊　現　集英社文庫）が刊行された時に、先般お亡くなりになった児玉清さんと対談をさせていただいたのですが、その折に児玉さんが「どうして屠殺場に行けたのか？」と質問されまして。要するに、インテリっぽいヤツが労働者になってみようと思うのは珍しくないけれども、たいてい実際には行きはしないし、行ったとしても長くは働かないものなのに、なぜ君は決心できたのだ、と。

平松　誰もが持つ疑問でしょうね。

佐川　『生活の設計』では、その理由がグルグル回っていきます。「私は汗っかきな人間だからだ」「いや、違う」「共働きに便利だからだ」「いや、違う」というふうに。それに対し、児玉さんは「おれには本当の理由を言え」とおっしゃったわけです。これには困ったものの、改めて考えると、やはり「衝動」だったのだとしか言えない。職安で就きたい職種を問われて、「屠殺場の作業員」と答えたら、職員は事も無げに「佐川さんのご住所は浦和ということですので、近くですと大宮と川口にあります」と求人を出してきた。その時、僕は少しの躊躇があったものの拒みはしなかった。内なる衝動によって「屠殺場の作業員」という言葉を口から出したら、ドアがパッと開かれた。だから、決心するしかありませんでした。

平松　本書では、その時の心境を「これこそが現実なのだという痺れるような感覚にも捉われていた」とお書きですよね。その痺れるような感覚というのは、屠殺場で働くことになる現実を受け入れることになってしまった、もしくは受け入れた自分に対して痺れを感じたということだったのですか？

佐川　「どういう世界が始まったんだよ」と慄《おのの》く感情ですかね。大学を卒業して、出版社に入って、辞めて、屠殺場に入っていくと決まった時に「もう引き返しはきかない」と思いました。屠殺場の求人があると言われた時に、「あぁっ！」と頭に血がのぼって、吸い寄せられるような、「おれはこうなっていくんだ、ここに入っていくんだ」という強烈な思いが湧いた。それが痺れなのだと思います。
平松 人生の他のシチュエーションでもそんな感じでした?
佐川 結婚した時はそうでしたね(笑)。あと、奨学金をもらって南米に一年行ったのですが、それが決まった時も感じました。これから起ころうとしていることによって、自分の人生が決定的な変化をこうむるだろうという予感がした時に湧き起こる感情なのだと思います。

平松洋子氏

平松 「人生は結局のところ流れである」なんて言い方、しますよね。私は基本的にそういうタチですけれど、佐川さんは「流れ」という言葉に対してはどう思われますか? 先ほど、吸い寄せられるように、とおっしゃいましたが、それは流れに身を委ねたというのとは、また違うものなのかしら。
佐川 流れといえば流れなのだと思います。ただ、それは飛躍でもある。自分がいた場所においてできることはほぼし尽くしたと思った時に、背中を押されるようにして別の流れに入ってゆく。大学時代にも札幌の恵迪寮《けいてき》で、ここでできることはもうないと感じたから南米に行けたのだし、大宮食肉で働いているのに物書きになるしかないと思った時もそうでした。書きためてはいたけれども、どうもしっくりこなかった小説が突然、的確な言葉を得て、一つの連なりとしてパーッと直っていく。その時、「あ、書く人生が始まったんだ」という直感がありました。同時に「もう牛を剃いてはいられなくなったんだ」という自覚が湧いた。自分がのめり込んでいた場所でできる限りのことをやったら、次の世界が始まっていく。常にそんな感じです。

平松　すごく共感できる感覚です。自分がこれから未知の領域に踏み込んでいくのだということへの気負いや不安、でもちょっと輝かしい感じもある。人生は流れだと言う時、そこには自分以外の何かが想定されますが、佐川さんの場合は自分の足で踏み入れて行っている。あくまでも主体が自分にある。

佐川　と、言いつつ、出勤したらいきなり怒鳴られてガシャーン！　ですから。オマエがどんなつもりでここに来たんだか知らねえが、半端をやったらブッ飛ばすぞという気配がありありだった。正直怖かったけれど、同時に彼らは本物と言うか、「すげえ人がいる」と思いました。物書きになってからいろんな人に会いましたけど、新井さんみたいに、こうと思えば一歩も引かないというか、その喧嘩によって自分がどれだけ損をするかわからないけど、ダメだと決めたら計算なしでガッといくような人は他にいませんでした。まあ、半端をやっていたら、ナイフを握って牛や豚なんて剝けないですから。

平松　そんな時に、「命を大切に」なんて言葉は浮かばないでしょうね。

佐川　浮かばないですね（笑）。命がどうこうということではなく、それぞれに悔しさを抱えた人間たちが発散させている気迫が充満している空間でした。

平松　作業がオートメーション化していない大宮食肉だったから、そんな空間があったのでしょう。それは佐川さんにとっては本当にラッキーだったし、ある意味恵まれていたのではないでしょうか。

佐川　そうですね。ラインで牛が送られてくるのではなく、自分から牛の方に飛びかかっていって、牛を押して倒して、ひっくり返してという一連の動作。人間が動いて牛をさばいていくのが面白かったのだと思います。ライン仕事との決定的な違いは、あらゆる動作について受け身にならずに済むという点です。さらに言えば、仕事が終わったら「とっとと帰るべえ《けえ》よ」と、みんなパッと散っていく。離合集散の美しさもありました。

平松　もしライン化している屠殺場だったとしたら、どうなっていたと思われます？

佐川　いやー、わからないなあ。でも、辞めちゃってどこか別のところに行っていたか、別の仕事をしていたか……。

平松　他に興味を持っていた仕事があったのですか？

平松　実は屠殺場に入る前には、宮大工や刀鍛冶《かじ》になろうかなと思っていたこともあったんです。だけど、宮大工は既にモニュメンタルな価値が定まっているものに対して自分も参加していくわけですよね。それはもちろん立派な仕事だけど、僕のやりたいことではない気がした。刀鍛冶にしても、自分で作った包丁を「切れますよ、使ってください」と人に提供するより、自分で使いたいやと思って。要するに、わがままなんです。

平松　やっぱり自分の手と直結した何かを使って働きたいという欲求というか衝動がおありだったのですね。

佐川　ヘトヘトになるまで働きたいとは思っていました。「おれみたいな人間はヘトヘトになるまで働いちゃわないとダメだ。頭だけで行くとロクなことを考えない」という確信があったというか。

平松　「おれみたいな」というのを、もう少し具体的に言うと？

佐川　難しいですね……。一歩間違うと、世の中に向かって高をくくったことを言い始めるのではないかという不安があって、絶対にそうはならない状態にしたかった。他人や他人の仕事に向かって、ちょっとでも舐めた口をきくような人間に自分をしたくありませんでした。舐められたくもないし、誰かに引けを取るような人間になりたくもないけれど、同時に人を馬鹿にする連中の仲間に加わりたくなかったのだと思います。

平松　本書の中ではかなり抑えた筆致で書いていらっしゃいますが、お父様が職場で大変な目に遭われた余波が家庭にも及んだわけですよね。それと、今おっしゃったようなことを思うようになったのには何か関係はありますか？　私には、大きな関係があるように思えるのですが。

佐川　確かにあるとは思います。会社という組織の正体を見てしまったからには、北大法学部卒っていう学歴から想定される企業へ就職して、会社の中でうまく世渡りをして出世するという未来は自分にはないなと思っていました。

平松　「ならないだろう」という予測と、「なりたくない」という意志では、どちらの割合が大きかったのでしょう。

佐川　両方同じぐらいでしたね。

平松　お父様の生き方について肯定していらした？

佐川　そりゃそうです。まあ、マヌケなヤツだと思っていますけどね（笑）。父が会社でこけたせいで経済的なものを超えた被害が多々あったわけだけれども、父としては自分がその時点でしなければならないと思ったことをしただけであって、後先考えないのとは少し違うと思うし、自分の考えがあってやったことについて、こちらが文句をつける筋合はないだろうとは思っていましたので。あと、うちの母親が愚痴を言わない人でね。辛いとかまるっきり言わない明るい人なものだから、割に平気でいられたのだと思います。

平松　両親の在り方を幼いながらに受け入れていらっしゃったのと同時に、社会に対して理不尽じゃないかという思いがおありになったのではないかと思うのですが。

佐川　そうですね……。ただ、自分たちの境遇を盾に社会が理不尽だと言いつのるのはあまり好きじゃなかったです。

平松　でも、世の中に対して高をくくるのが嫌だという感情は、理不尽さを感じることと表裏一体だと思うんですよね。表裏一体であるがゆえに、「高をくくりたくない」という方向に持って行く佐川さんが素敵というか、魅力になっているのだと思います。そして、それは作品の魅力にもつながっている。

佐川　自分一人で世の中は馬鹿だとか、あいつらしょうがないとかブツブツ言っているだけならいいけれど、誰かと一緒になって「あいつらは馬鹿だ」「そうですよね」っていうような会話をして、「そうですね」と相槌を打つのだけは絶対やりたくなかったのは確かです。それを言わないためだったら、どんなところでどんな目に遭ってもいいという気持ちもありました。

平松　そういう思想がおありになるにもかかわらず……というと、ちょっとニュアンスが違うのかもしれませんが、「だから屠殺場に行く」と頭で考えて動いたわけではなかったのが、佐川さんの佐川さんたる所以《ゆえん》だと思います。自分の主義主張を体現するために「おれはこっちの道に進むのだ」と鉢巻を締めて勇んで行くのは、往々にしてありがちな展開でしょう？　けれど、佐川さんを動かした衝動はそういう種類のものではない。

佐川　そうですね。『生活の設計』の中に、主人公の友達が被差別者の支援のために屠殺場に入るのなら、それはつまらんことだと言うシーンがあります。主人公は、うまく反論できないけれどそうではないのだと一所懸命思うのですが、体を使う労働そのものを肯定する気持ちが根底にあるのだと思います。

悠久の歴史に自分が連なる快感

平松　なるほど。ただ、あまたある肉体を酷使する仕事の中で、佐川さんの琴線に触れたのが牛を屠る仕事だったというのは特筆すべき点です。さっきおっしゃったように、体を使う労働という意味では、宮大工でも刀鍛冶でもよかったはずですから。ナイフを介して立ち向かう相手が「生体」だったという要素は、大きなファクターになったのでしょうか。

佐川　そこはちょっとむずかしいですね……。本書にもデビュー作にも、死や命という言葉は出てこない。先程も言った通り、それどころじゃないからです。自分の前には、生きた牛や豚が枝肉になっていくまでの全過程がパノラマとして広がっている。そのパノラマの中で自分が働いていると、抽象的な言葉は一切入ってこない。そういう世界だと思っていました。

平松　言葉ではなく身体感覚が司《つかさど》る世界だったのだろうなというのは、ある時ふとナイフの動きに手がついていくようになったというエピソードでも強く感じました。あれは何年目でしたっけ？

佐川　六、七年目ぐらいです。生き物は細胞分裂をするときに、お尻——肛門から先にできるでしょう？　つまり、牛の細胞は肛門から口の方に向かって流れているんですよ。だから、お尻から頭に向かってナイフを回してやる方が、滑りがいいんです。逆に頭の方からやろうとすると逆目《さかめ》になるので、ナイフが常に抵抗を受ける感じになる。

平松　とても興味ぶかいお話です。

佐川　これは本文中には書かなかったのですが、日本神話の中に、素戔嗚尊《スサノオノミコト》が高天原《たかあまのはら》で暴れるという逸話がありますよね。

平松　天の岩戸開き説話ですね。姉である天照大御神を訪ねて行った素戔嗚尊が乱暴狼藉を働いたため、恐れた天照大御神が天の岩戸に隠れてしまったという。

佐川　素戔嗚尊は田の畦《あぜ》を壊したり、浄《きよ》くあるべき場所に糞尿を撒き散らすなど、ありとあらゆる悪さをするのですが、その中に馬を逆剝きにして機屋《はたや》に皮を放り投げたというのがあるんですよ。古代において逆剝き、つまり頭の方から無理やり皮を剝くというのは禁忌だったそうです。
平松　へえ、そうだったんですか。
佐川　まあ、それは余談なのですが（笑）。とにかく、ある時を境に、皮剝きナイフ本来の力を発揮させられるようになりました。
平松　一〇九ページのあたりですね。
佐川　あの時は本当にうれしかったなあ。皮剝きナイフは青竜刀のように反った形をしているのですが、それが皮を剝く作業に最高の力を発揮するという結論に辿り着くまでに、ものすごくたくさんの先人が、数えきれないほどの動物を解体して、やっとあの形に辿り着いたわけでしょう。だから、できた瞬間には「遥かなる先人の皆さん、僕にもできましたよ、アッハッハ！」と、実に高揚した気分になりました。
平松　自分が歴史――人間が営々と鍛えてきた技術や文化――に繫がった、その実感ですよね。
佐川　そうです！　そうです！　家畜というより、哺乳類を解体するという営みは、差別的な視線ではとても覆いきれない、ものすごく永い――人類が人類になる以前から繰り返してきた行為があるわけです。その末に辿り着いた道具の形があって、その道具に潜むポテンシャルを自分が解放できるようになった時の嬉しさといったらないですよ。
平松　よくわかります。私の知り合いの焼き鳥屋さんも同じようなことを言っていました。焼き鳥屋を始めた頃は鶏をきちんとさばけなかった。ところが、何羽も何羽も処理して「あ、鳥は流線形なんだ」と気付いた瞬間、スルスルと自分の手が動くようになったそうです。もちろん、鳥が流線形なのは誰が見てもそうだけど、自分の手で流線型を実感した途端、ナイフと自分の手は一体になった。結局、実際にやってみて繰り返さなければ体得できないものが確かにあります。

佐川　みんな、そういう経緯を辿って、一人前になっていくのだと思います。ナイフ本来の力を発揮させられるようになると、仕上がりも格段ときれいになるんです。そして、きれいな仕事ができるようになると、周囲の態度も変わってくる。「佐川すごいな、やったな！」なんてことは誰も言いません。他人を褒めるような人たちではありませんからね。だけど、文句は言われなくなるし、つまらない説教もされなくなりました。

平松　一人前の仕事ができるようになったことで、職場での力関係も含めた人間関係が変わっていくというのも、働く悦びの一つですよね。ただ単にできなかったことができるようになったというだけではなく、習熟することによって、今まで見えなかった働く悦びが見えてくる。

佐川　そうですね。同時にもう一つわかるようになったことがありました。普段は適宜、力を抜きながら働いている爺さんたち、彼らもまた、昔は牛の皮剝きをしていたのだということです。僕らの時は機械がかなり導入されていたので、胴まわりこそ人の手で剝くものの、昔に比べると剝く面積は五分の三か、四ぐらいのところで止めることになります。しかし、昔は全剝きといって、お尻まで全部剝くので、ナイフの使い方が違ってくる。自分ができるようになったことで、初めて先輩たちのすごさがわかったわけです。

平松 一定のステージに立たないと見えてこないことってありますものね。

佐川 それが見えた瞬間、今まで手とり足とり教えてくれてありがとうございます、これからもがんばって一所懸命働きますという気持ちがすごく湧いたんですよ。あれは良かったです。

「言葉」が欲しくなった

平松 そうやって、牛の仕事がどんどん自分のものになっていく一方、小説を書き始められたわけですよね。そこにはどういう流れがあったのですか?

佐川 本書にも書いた通り、一日のノルマが早く終われば、拘束時間に関係なく家に帰ることができますから、うんと本を読む時間もありました。でも、知識が入ってくると、なんか生意気になってくるんですね(笑)。たとえば、哲学者であり神学者のスピノザはレンズ磨きが本職だったそうですが、「じゃあ、おれは牛を屠りながら考える」みたいな、偉そうなことはちょっと思った（笑）。ただ、いずれにせよ、今の自分の状態は「悪くない」という気持ちは常にありました。

平松　悪くない、ですか。

佐川　ええ。今の仕事が自分の能力を最大限に発揮しているものなのかどうかはわからないけれども、自分を押し殺してとか我慢してというのが一切なく、心から喜んで牛の解体作業に従事している。我に返れば忸怩《じくじ》たる思いが湧いてくることもあるけれど、でも悪くないはずだと自分に言い聞かせながらやっていました。

平松　「悪くない」か。いい言葉ですね。

佐川　自分の前にある世界を言語化する以前の、言葉には移せない段階をうんと味わっていたのだと思います。最初の五、六年間は、牛の仕事の世界というのを誰かの言葉に当てはめて解釈するようなことは一切しなかった。批評的な言辞で——例えばマルクスだったらこれをどう思うかとか、そういうくだらない想像はせず、ただ自分の体と、ヤスリと、ナイフと、牛と、そして作業課の人たちの中で「労働」という行為を繰り返すことだけに専念していました。その期間があったから、とうとう自分で書きたくなったのではないかと思います。

平松　必然の結果として言葉を求めた、ということですか？

佐川　そうですね。とうとう言葉が欲しくなったのでしょう。最初から行為を言葉で表そうとしてアプローチしたのではなく、言葉で表現する気持ちがほぼ全くない状態で行為をやるだけやった末に、自然に「この仕事のことは書いておきたい」と。

平松　それが六年目。少しずつ何かが溜まっていたのかしら。

佐川　ただ、その時はやはり言葉と労働が拮抗するわけです。自分が書いた言葉が、現場の緊張感に試される。この文章でいいのかってことを常に問い続けながら『生活の設計』をだいたい二年半くらいで書いたと思います。

平松　それが理由のひとつ。同時に、他者、つまり奥様の家族に牛の仕事を説明しなければならないと思ったとも書いておられます。これについてはどういう流れで起こったのでしょう。

佐川　親と妻には特に説明する必要はないと思っていました。僕の親は親なりの人生を送って、僕も親のことは馬鹿にしないで育ってきた末に、いつの間にか屠殺場で仕事を始めたわけだけど、これは何も説明したり、弁明したりする必要はない。僕が選んだ結果ですから。父親だって僕に向かって「あの時、組合活動をやったのはこういう理由だ」なんて言い訳はしませんからね（笑）。女房も好きで僕と一緒になったわけだし、僕は一所懸命働いているわけだから説明する必要はないと思っていました。ただ、妻の両親は、ちょっとは心配しているだろうな、と（笑）。

平松　説明責任がある、と？

佐川　やはり、あの人たちには説明しなきゃいけないだろうなとは思いました。両親や妻といった僕と一本の線でダイレクトに繋がっている人たちにはどこかで「おれのことはわかるだろう?」と甘えもできますが、向こうの両親に向かって「わかってくれますよね?」という言い方はなしじゃないですか。

平松　つまり、甘えてはいけない相手を読者として想定していらした。

佐川　たぶんそれが良かったのだと思います。僕に対して非常な好意と心配を抱いてくださっている人たちに対して、彼らが読めないような晦渋《かいじゅう》な言葉で書くわけにはいかない。普通に読んでもらえる文章で、自分が何をしようと思っているのか、どんな毎日を送っているのかを書かなくちゃいけないというのが、とても効果的な縛りになっていたのではないかと思います。非常にいい修業になりました。

平松　わかる気がします。それにしても、やっぱり六年目に言葉がちょっとずつ欲しくなっていった感じっていうのはすごく説得力がありますね。仕事に対する自信が育ってきた時に初めて言語化したくなるというのは、内なるものが十分に成熟した証でしょうから。

佐川　つい僕のことばかり話してしまいましたが、平松さんが物書きを仕事にしようと考えられたのはいつ頃だったのですか?

平松　私はもう大学の時から書くことを仕事にしようって思っていました。だから就職活動もしたことがなくて。今になって思えば、一度は組織のなかで働いてみるべきだったのかもしれませんけれど。

佐川　その頃からテーマは食べ物にしようと？

平松　いいえ、最初は違いました。私は社会学を専攻していたので、社会とどういうふうに関わっていけばいいのかということを大学時代からずっと考えていたのだけれど、学生が社会学を勉強することの心許《もと》なさというか、机の上と本だけで社会のことを考える――それこそ頭だけで考えて「これ」と答えを出すことにものすごく苛立ちがあって、早く大学生やめたいと思っていたんですね。

佐川　なるほど。

平松　まあ、佐川さんの言葉を借りるなら、それもある意味「高をくくって」いたわけですが（笑）。

佐川　いやいや（笑）。

平松　そのうえで、何を自分の立ち位置にしようかと考えたとき、「食べ物」が自然に湧いてきました。第一次産業はもちろん、経済から政治まであらゆる要素を吸収して、社会の全てがそこに入っていると気づいたのです。そうした広い場所から自分が何をどう見出すのかという興味があって。多様な要素がある分、自分にとって切実な問題もそこにありました。それを見つけた時に、安心感というか、それこそ「悪くない」という確信が生まれました。
佐川　僕ね、平松さんが「におい」のことを書いていたエッセイにはっとしたんです。自分のにおいを嗅いでみたいというフレーズ、あれが面白くて（笑）。
平松　自分のにおいって、絶対客観的になれないですよね。
佐川　本書にも書いたのですが、屠殺場ってやっぱり独特の臭いがするみたいなんですよ。血と脂と排泄物の混ざった臭いが充満しているみたいで、ダメな人は、そこでダメ。
平松　佐川さんは全く感じなかったのですか？
佐川　ちょっとは感じた気もしますが、豚の血の臭いに「こりゃいかん」というふうにはなりませんでした。だから何とかなったのかなあ。

自分で探していくことの意味

平松　今日こうしてお話をしただけでも、とても興味深いキーワードがいくつかありました。特に、「悪くない」というのは本当にいい言葉です。
佐川　大学時代からいろいろなことがありましたが、いつも「おれは今、相当いいことを味わっているはずだ」と思いながらやってきたような気がします。今の日本ではまれな、基本的にナイフ一本で牛を解体していく現場で、自分が日々発見し、味わっている境地は、何にも代えがたいものがあった。

平松　朝日新聞の書評に、私はこう書いたんです。「ひとりの男の成長記として読んだ。肉体を駆使して労働をよろこびに換え、自負を獲得しながら一人前に育ってゆく二十代の歳月。隣り合わせの偏見や差別は、逆に仕事の意味を際立たせ、社会で生きる手ごたえを与えたにちがいない」と。今日お話を伺っていて、あながち的外れではなかったと安堵しました。

佐川　本質を突いていただいたと思っています。結婚し、大宮食肉に就職し、子供が生まれて育っていくなかで、自分自身の人生が築かれているという嬉しさがありましたから。ただ、そうした悦びを「誰にも教えてやるもんか」という思いと、「書きあらわしたい」という衝動が両方あったのは不思議です。

平松　その並立はありうることだと思います。この本は「働く」ということが人をどれだけ育てるか、磨くかということを教えてくれる。ただ漠然と読むと、屠殺という仕事の特殊性に目を奪われるかもしれませんが、実は働くことの意味、そして輝かしさを書いた作品だと思うのです。労働の意味が混乱している今の日本の状況下で、もっと広く読まれてほしいと思っています。

佐川　うちの息子は大学生になったのですが、彼がこの先、何をいいと思ってどんな仕事を選ぶか、それには興味があります。親子だから似るところもあるかもしれないけど、しかし全く別の人格なのだから、当然違ってくるでしょう。自分の人生に何を見つけるのか。それは気質やある種の運、出会いなど、いろんな要素で左右されますからね。ただ、何を見つけたとしても、周りに向かって「自分はこういうことをやっています」なんて広言する必要はないはずでしょう？　自分と、自分と一緒に働いている仲間が納得していればいいわけで、世間からどう見える職業か、なんてことには囚われないほうがいい。ここだったら何年か続けていけば自分が鍛えられそうだと思えたら、飛び込んでいけばいいと思います。

平松　おっしゃる通りですね。「若い人たち」という言い方はあまり好きではありませんが、でもあえて使いますと、若い人たちはどうしても天職を探そうとする。自分にとっての天職は何だろうとか、そういうことを考える。でも、何が天職かなんて絶対にわからないですよ。私はずっと物書きでやってきましたから、人から見れば天職に見えるかもしれない。だけど、もしかしたら神様は「お前の天職はもっと他にあったんだけどね。それをまあ、毎日そんな締め切りなんかに追われちゃって」と笑っているかもしれません。

佐川　僕も、神様からきっとそう思われてるな。父子そろってマヌケなヤツラだと（笑）。

平松　ええ（笑）。でも、実際の話として、天職を探すなんてことは無駄なのだと思います。それよりも、どんな職業であれ、そこに何か光ったものを見つけられるか。それは自分で発見していくものであって、就いた職業にどんな価値を見出すことができるのかということこそが、人としての力なのだと思います。

佐川　価値は、人から教えられるものではありませんよね。僕の場合、見つけたものが、「悪くない」という言葉に結実するのですが、積極的すぎる言葉で自分を表現しなくてもよい気がするんですよ。誰にでも賛同してもらえる言葉で自分を表現できなければダメだという方向に行くのではなく、おれにとってはこれは悪くないし、おれが見つけた価値なのだというのが漠然としてでもあれば、自分の毎日をつないでいけるし、明日もまたやっていこうと思える。それで十分なんじゃないかな。

平松　「悪くない」という言葉でもいいし、「ちょっと面白い」とか、「いい感じ」とか、どんな言葉でもいい。今いる場所から先に行ける入口がフッと開いたら、躊躇することなく入ってしまえと思います。そうすると、きっと目の前がスッと開く瞬間がやってくる。動かないまま、他に何かあるかもしれないとか、天職を探すのが先決と思っているよりは、わからないままでも飛び込めば、ブレイクスルーできる地点に辿り着く。それが労働の価値であると思うし、本書はそれを伝えるものですね。

佐川　今の時代、あんまりにも情報過多になっているせいで、なんでも客観的な視線で判断しようとしますが、情報だけでは判断できないことなんていっぱいあるじゃないですか。そもそも、情報は伝わってきた時点ですでに過去のものです。まして、自分がそこに加わったことによって変わる未来は全然わからない。どんな職場でも、新しい人が入ってくると活性化することがあるんですよね。後輩が入ってきて、一番下っ端じゃなくなった途端に初めて輝かしくなる人もいる。弟妹ができたら上の子が突然がんばりはじめるのに近いのかな。だから、職場をやたら客観的に捉えて、自分が働くに足るかどうかを見極めようとするのではなく、おれが行ったことによって何か少し面白いことが起こるかもというような予感があれば、そこにバッと入っていけばいいのではないでしょうか。

平松　本当にそう思います。

（二〇一四年五月十二日　構成・門賀美央子　撮影・小島愛）

文庫版あとがき

『牛を屠る』が、解放出版社による「シリーズ 向う岸からの世界史」の第一弾として刊行されてから丸五年が過ぎた。このたび双葉文庫に入れていただくことになり、より広範な読者の手にわたる機会を得たことが素直に嬉しい。私のデビュー作「生活の設計」も同文庫の『虹を追いかける男』に収録されており、「屠殺場」を描いた二冊が書店の棚に並ぶ光景を想像すると、興奮で二の腕に力が入る。

本書の「はじめに」にも記したように、私は二〇〇〇年に「生活の設計」で新潮新人賞を受賞した。しかし、「生活の設計」に取り組んでいたとき、私に作家として立ちたいという願望はなかった。

私はただ、ナイフを握って牛を解体する労働の様子をきちんと書きあらわしたかったのである。大宮食肉荷受株式会社・作業部作業課でともに汗を流す仲間たちのたぐいまれなる逞しさを文章によって表現したかった。そうすれば、あしたも働く気力が湧くだろう。来年も再来年も牛の皮を剝き続けるために、私は「生活の設計」を完成させたいと願っていた。

ところが、生まれて初めて一作の小説を書きあげた経験は、私に予想外の変化をもたらした。考えに考えた末に、私は二〇〇一年二月十日をもって大宮食肉荷受株式会社を退社した。十年半に及ぶたゆまぬ努力によって身につけたナイフ研ぎの腕前や牛を解体する技術と別れるのは悲しかった。偶然の重なりにより開始された「牛を屠る」日々は、とつぜん終わりを告げて、私は文章を書く日々をおくるようになった。

解放出版社の多井みゆきさんからの依頼により、『牛を屠る』に取り組んだのは、作家生活も十年目になろうというときだった。五度目の芥川賞候補になり、五度目の落選を味わった直後でもあり、『牛を屠る』にまとめられる文章を書きつぎながら、私は自分の原点に立ち帰った。

「そうだったよな、おれはこんなにすごい人たちと一緒に働いてきたんだ」

「デカい牛が相手なんで、いつも気を張ってたっけ」

「生活の設計」の「わたし」は、働いて六年目くらいの作業員である。ようやく牛の皮剝きができるようになったところで、よく働いてはいるものの、一人前というにはまだ早い。

対して、『牛を屠る』の「私」は、すでに皮剝きの技術をわがものとしている。本文に詳しく書いたので、くりかえしになって恐縮だが、皮剝き用の変形ナイフを使いこなせるようになったときの喜びは大変なものだった。ナイフの一振りによって、前方の空間が一気に切り開かれるのだ。

「でも、創作では、まだそんな経験をしていないんですよね」

インタビューや対談の場ではそう言ってウケを取ってきたが、実は小説を書いていても、「よし。やった！」という会心の瞬間がある。主人公が彼なりの努力を積み上げた末に、新しい次元に突き抜けたときは、身体が震えるほど嬉しい。

「どうだ。見たか！」

私が書いた小説のなかで、主人公が誇らしげに胸を張っている。『牛を屠る』のなかでは、ナイフを握った「私」が、「どうだ。これがおれたちの仕事だぜ」と肩を怒らせている。

児玉清さんは、「生活の設計」と『牛を屠る』をことのほか気に入ってくださった。『おれのおばさん』の刊行に際して対談をしていただいたのだが、問われるままに牛の仕事について話すうちに、一時間の予定が三時間を超えてしまった。それからほぼ一年後に亡くなられて、私は悲しみにくれつつも、存命中にお会いできた幸運に感謝した。

今回は、平松洋子さんがお相手をしてくださった。若者が仕事によって鍛えられてゆくことの大切さや、ここが自分にとっての世界なのだと信じられる職場にめぐり逢う幸せについて語り合いながら、私は『牛を屠る』を書いて本当によかったと心の底から思っていた。

本橋成一さんによる写真集『屠場《とば》』（平凡社　二〇一一年刊）や、纐纈《はなぶさ》あや監督によるドキュメンタリー映画『ある精肉店のはなし』により、写真や映像として牛を解体する様子が観られるようになった。

「あの映画を観て、佐川さんが書いていた牛の皮剝きがどういう作業なのか、ようやくわかりました」と言ってくれた編集者もいて、少々不満をおぼえたが、よいことには変わりない。

私が大宮食肉荷受を離れてから十三年が過ぎた。作家生活のほうが長くなり、妙にバツが悪い気がすることがある。しかし、これだけは自信を持って言うのだが、ナイフを握って働いた十年半の日々は、私の小説に間違いなく反映している。

平松洋子さんは、「『牛を屠る』は百年後だって読まれてますよ」と断言してくださった。私も同感だが、それは決して私の手柄なのではない。

「あんなヤツらに引けを取ってたまるか！」という気迫に溢れた人たちの勝手気ままな生きざまが、不滅の輝きを放っているからだ。

それにしても、牛である。牛あってこそのわれわれだった。これまでに屠られた、あまたの牛たちに感謝したい。

文庫化に際して、語句の訂正や追加は最小限に留めた。シリーズ中の一冊であるにもかかわらず、双葉文庫に入れることを快諾してくださった解放出版社に、あらためてお礼申しあげるしだいです。

佐川光晴

二〇一四年七月

巻頭イラスト　明石泰一

本書は二〇〇九年七月、解放出版社より単行本にて
刊行されたものに加筆修正し、再構成しました。

双葉文庫

さ-28-03

牛《うし》を屠《ほふ》る

2014年7月12日　第1刷発行
2021年3月15日　第5刷発行

【著者】
佐川光晴《さがわみつはる》

【発行者】
箕浦克史
【発行所】
株式会社双葉社
〒162-8540 東京都新宿区東五軒町3番28号
［電話］03-5261-4818（営業）　03-5261-4831（編集）
www.futabasha.co.jp（双葉社の書籍・コミックが買えます）
【印刷所】
大日本印刷株式会社
【製本所】
大日本印刷株式会社
【カバー印刷】
株式会社久栄社

【フォーマット・デザイン】
日下潤一

ISBN978-4-575-71417-3 C0195
Printed in Japan